Thorsten Jekel

Digitale Tools effektiv einsetzen

Wechseln Sie mit den neuen Technologien auf die Überholspur

THORSTEN JEKEL

Digitale Tools effektiv einsetzen

Wechseln Sie mit den neuen Technologien auf die Überholspur

Ein Hinweis zu gendergerechter Sprache: Die Entscheidung, in welcher Form alle Geschlechter angesprochen werden, obliegt den jeweiligen Verfassenden.

Bibliografische Information der Deutschen Nationalbibliothek.
Die Deutsche Nationalbibliothek verzeichnet diese Publikation
in der Deutschen Nationalbibliografie; detaillierte bibliografische
Daten sind im Internet über http://dnb.d-nb.de abrufbar.

ISBN 978-3-96739-166-4

Umschlaggestaltung: Buddelschiff, Stuttgart | www.buddelschiff.de
Umschlagfoto: iStock, Laurence Dutton
Umschlagkonzept: Buddelschiff, Stuttgart | www.buddelschiff.de
Lektorat: Anja Hilgarth, Herzogenaurach
Autorenfoto: Uwe Schwesig
Layout: Buddelschiff, Stuttgart | www.buddelschiff.de
Satz: ZeroSoft, Timisoara
Druck und Verarbeitung: Salzland Druck, Staßfurt

Wir drucken in Deutschland.

www.gabal-verlag.de
www.gabal-magazin.de
www.twitter.com/gabalbuecher
www.facebook.com/gabalbuecher
www.instagram.com/gabalbuecher

PEFC zertifiziert
Dieses Produkt stammt aus nachhaltig
bewirtschafteten Wäldern und kontrollierten
Quellen.

www.pefc.de

Wir übernehmen Verantwortung! Ökologisch und sozial

- Verzicht auf Plastik: kein Einschweißen der Bücher in Folie
- Nachhaltige Produktion: Verwendung von Papier aus nachhaltig bewirtschafteten Wäldern, PEFC-zertifiziert
- Stärkung des Wirtschaftsstandorts Deutschland: Herstellung und Druck in Deutschland

Inhalt

Lernen mit vielen Sinnen

Unsere interaktiven Bücher im praktischen Softcoverformat sprechen viele Sinne und Lernkanäle an und bieten echten Mehrwert: Digitale Zusatzinhalte ergänzen die Bücher um nützliche Vorlagen und Checklisten, Videos und Audios und ermöglichen so einen optimalen Lernerfolg und die volle Ausschöpfung Deines persönlichen Potenzials.

Das Buch steht für sich allein gut da. Sie bekommen alles, was Sie brauchen, um effektiv und sicher kommunizieren zu können. Das Buch bietet aber noch mehr, wenn Sie wollen. Sie erhalten digitale Zusatzinhalte, die Sie kostenfrei hinzuziehen und als Unterstützung für die Umsetzung der im Buch enthaltenen Ideen abrufen können.

Durch den Kauf dieses Buches haben Sie zusätzlich einen exklusiven kostenfreien Zugang zu allen Zusatzmaterialien erworben. Diese werden auf unserem GABAL eCAMPUS zur Verfügung gestellt. Der eCAMPUS ist ein geschützter Bereich, von dem Buchkäufer die Zusatzinhalte für unsere Whitebooks downloaden können – kostenfrei, in keiner Weise verpflichtend und ohne zeitliche Beschränkung. Er wird in der nächsten Zeit um viele Inhalte und Features erweitert.

Um auf die Zusatzinhalte aus dem Buch „Digitale Tools effektiv einsetzen" zugreifen zu können, müssen Sie sich einmalig auf dem GABAL eCAMPUS registrieren.

Um diesen zu erreichen, gehen Sie auf: https://gabal-ecampus.de/whitebooks

oder scannen Sie den folgenden QR-Code:

Schritt-für-Schritt-Anleitung

Schritt 1: a) Oben stehenden **QR-Code** scannen
oder
b) **Adresse in Browser** eingeben

Schritt 2: a) QR-Code: auf den Button „Starten" klicken
b) Browser: auf den Button „Whitebooks" klicken, Produkt auswählen, danach auf „Starten" klicken

Schritt 3: Registrierung
1. Die erforderlichen Felder ausfüllen und sicheres Passwort wählen (8 Zeichen, darunter 1 Großbuchstabe, 1 Zahl, 1 Kleinbuchstabe und 1 Sonderzeichen).
2. Auf „Registrieren" klicken

Schritt 4: Aktivierung des Zugangs mit Klick auf „Bestätigungsmail"

Schritt 5: Zusatzinhalte freischalten
1. Klick auf „Starten"
2. Eingabe des folgenden Produktschlüssels:

U9PMSXM3GO

Ab sofort können Sie im Browser durch Klick auf die Materialien oder durch Einscannen der QR-Codes im Buch direkt auf die digitalen Zusatzinhalte gelangen.

Beachten Sie: Der eCAMPUS überprüft jedes Mal, ob Sie angemeldet sind und einen Zugang besitzen. Sollten Sie nicht mehr angemeldet sein, können Sie dies über den „Anmelden"-Button rechts oben auf der Seite mit E-Mail und Ihrem persönlichen Passwort vornehmen.

Sie erkennen diese digitalen Zusatzangebote an den folgenden Symbolen:

DOKUMENT. Hier führt Sie ein QR-Code zu einem Dokument mit weiterführenden Links. Sie können sich die Dokumente ausdrucken und herunterladen.

CHECKLISTE. Folgen Sie dem QR-Code, können Sie sich eine nützliche Checkliste downloaden.

AUDIO. Hier können Sie sich einen Podcast zum Thema anhören.

VIDEO. Hier führt Sie ein QR-Code zu kurzen weiterführenden Videos.

Wenden Sie sich bei Fragen gern jederzeit an: support@gabal-verlag.de.

Wir wünschen Ihnen viel Erfolg bei Ihrer persönlichen und beruflichen Weiterentwicklung.

Ein paar Worte vorweg

Digitalisierung macht uns angeblich immer produktiver. Ist das wirklich so? Meine Beobachtung ist eher das Gegenteil, denn digitale Tools machen uns oft das Leben nicht leichter, sondern schwerer. Statt die Produktivität zu steigern, erhöhen sie sogar die Komplexität. Damit macht moderne Information Technology (IT) Menschen und Unternehmen heute häufig nicht produktiver, sondern nur gestresster.

Oft gibt es auch die Hoffnung, dass digitale Tools die eigene Arbeitsorganisation verbessern. Doch auch hier tritt meist genau das Gegenteil ein: Statt eines geleerten Papierbriefkastens quillt dann das E-Mail-Postfach mit Tausenden von Mails über. Digitale Tools erfordern häufig sogar mehr Selbstdisziplin als analoge Systeme.

Nach der E-Mail-Flut kam die WhatsApp-Flut und mit immer mehr neuen Diensten stieg auch die Zahl der empfangenen Nachrichten. Mittlerweile ertrinken wir nicht mehr nur in unseren E-Mails, sondern werden auch von Gruppennachrichten überschwemmt. Hier gilt es, Systeme und Wege zu finden, damit neue digitale Tools die Produktivität nicht senken, sondern steigern.

In der Pandemie wurde die Arbeit immer mehr in Homeoffices und Remote Locations verlegt. Auch hier müssen neue Tools und Wege gefunden werden, damit die Work-Life-Balance nicht zum Stressfaktor wird. Es gilt, mobile Systeme und Videokonferenz-Tools smart zu nutzen.

Darüber hinaus entstehen immer neue smarte Tools, die versprechen, uns produktiver zu machen und uns das Leben zu erleichtern. Oft passiert leider genau das Gegenteil!

Dieses Buch möchte Ihnen dabei helfen, dass digitale Tools Ihnen das Leben nicht schwerer, sondern leichter machen.

Zu Beginn jedes Kapitels wird eine **typische Situation** geschildert, wie ich sie bei mir selbst oder bei meinen Kunden beim Umgang mit digitalen Tools häufig wahrnehme. Vielleicht finden Sie sich auch ein Stück weit darin wieder.

Auf dieser Basis werden die **wichtigsten dahinterliegenden Probleme im Umgang mit digitalen Tools** beleuchtet. Denn gerade bei der Nutzung digitaler Tools wird häufig an den Symptomen statt an den Ursachen mangelnder Produktivität gearbeitet. Ein neues Tool schafft aber oft mehr Probleme, als es löst. Deshalb analysiert dieses Buch die Ursachen der Probleme, um neue Lösungswege zu entwickeln.

Im nächsten Schritt werden in jedem Kapitel **praxiserprobte Lösungsansätze** gezeigt, mit denen Sie wirklich produktiver werden. Es wird gezeigt, wie Sie bereits vorhandene und neue Technologien so smart nutzen, dass sie kein Selbstzweck, sondern ein effektives und effizientes Werkzeug werden.

Die vorhandenen **digitalen Tools** werden in jedem Kapitel bewusst erst am Ende vorgestellt, nachdem die dahinterliegenden Konzepte behandelt wurden. Ganz nach meinem Motto: „Erst Hirn einschalten, dann Technik!"

Die vorgestellten Konzepte und Systeme sind **praxiserprobt** und von mir persönlich getestet. Ergänzend zum Buch erhalten Sie auch noch **viele Tutorial-Videos** für Ihren persönlichen Umsetzungserfolg.

Ich wünsche Ihnen auf Ihrer digitalen Reise zur Produktivität von Herzen viel Erfolg.

Ihr
Thorsten Jekel

  Hallo, liebe Leserinnen und Leser!

1

Stoppen Sie die Message-Flut

E-Mail-Lawine plus Messenger-Chaos?

Kennen Sie das? Sie sitzen den ganzen Tag im Büro, arbeiten nonstop und haben trotzdem abends das Gefühl, nichts geschafft zu haben. Dabei hatten Sie sich für den Tag doch so viel vorgenommen. Doch sobald Sie morgens Outlook öffnen, sind alle Pläne Makulatur: Da kommen E-Mails von der Chefin, von wichtigen Kunden und von Ihrem Arbeitsteam, die Sie natürlich sofort beantworten müssen. „Nur noch schnell diese E-Mails beantworten, dann mache ich mich an meine geplanten Aufgaben", denken Sie, doch immer, wenn Sie die letzte E-Mail endlich abgearbeitet haben, kommen die nächsten herein. Am Ende des Tages sind immer noch viele unbeantwortete Nachrichten in Ihrem Posteingang, und täglich werden es mehr ...

Zum Glück ist das alles Schnee von gestern, denn es gibt ja moderne Messenger-Dienste. Seit Sie WhatsApp nutzen, schaut die Welt ganz anders aus. Anders, aber nicht besser, oder? Jetzt haben Sie täglich nicht nur 400 ungelesene E-Mails, sondern auch noch 400 ungelesene WhatsApp-Nachrichten von allen möglichen Leuten! Seit Ihre Schwiegermutter WhatsApp für sich entdeckt hat, kennen Sie auch endlich alle Emojis, die es dort gibt.

Zum Beginn meiner Berufstätigkeit 1988 beim Computerpionier Heinz Nixdorf war die Welt noch in Ordnung. Es gab noch keine E-Mails. Wenn ich morgens ins Großraumbüro kam, holte ich meine Post aus meinem Postfach und begrüßte die Kolleginnen und Kollegen auf dem Weg zu meinem Schreibtisch. Die Anzahl der Hauspostumschläge war damals auch sehr viel geringer als die Anzahl der heutigen internen E-Mails.

Haben wir heute so viel mehr Wichtiges zu kommunizieren als früher? Nein. Es ist einfach zu leicht geworden, Nachrichten zu versenden. Als Werkstudent bei Nixdorf hieß es, wenn ich eine interne Nachricht versenden wolle, müsse ich zwei Stockwerke höher zum Kopierer laufen. Meistens musste ich dann noch warten, bis der Kopierer frei wurde. Wenn ich dann an der Reihe war, war häufig das Papier leer oder es gab einen Papierstau und nichts ging mehr. Sortierer gab es damals auch noch nicht bei allen Kopierern. „CC" hieß also im Zweifelsfall noch manuelles Sortieren und Eintüten. Somit habe ich mir mindestens zweimal überlegt, ob die interne Nachricht wirklich so wichtig ist. Und meist war die Antwort: „Nein!"

Weshalb erzähle ich das hier? Zumal die Jüngeren unter Ihnen wahrscheinlich eine Zeit ohne E-Mail nicht persönlich erlebt haben. Ich erzähle es hier, um eine Grundbeobachtung von mir zu verdeutlichen: Durch Digitalisierung werden wir häufig nicht produktiver, sondern unproduktiver. Digitale Tools machen es einem zu einfach, Nachrichten zu versenden. Das Problem verlagert sich zunehmend auf die Empfängerseite. Posteingänge mit über 15.000 ungelesenen E-Mails sind heute keine Seltenheit mehr.

Die Lösung ist vermeintlich einfach. Statt E-Mails werden neue digitale Tools zur Kommunikation genutzt. Und allen voran WhatsApp. Das ist doch so praktisch, und jeder nutzt es ja auch privat. Das Problem dabei ist, dass die Messenger-Dienste in der Regel die E-Mail-Flut nicht eindämmen, sondern eine zweite Flutwelle darstellen. Jetzt ertrinken wir nicht mehr nur in E-Mails, sondern auch noch in WhatsApp-Nachrichten.

Hören ist übrigens das neue Lesen, denn Sprachnachrichten zu versenden ist ja so viel einfacher als getippte Nachrichten. Das mag wohl stimmen, aber es dauert viel länger, sie abzuhören, und in vielen Situationen, wie in Meetings, kann man sie nicht abrufen, und durchsuchbar sind sie auch nicht.

Erfahrungsgemäß brauchen wir mindestens eine bis zwei Stunden am Tag, um die Kommunikation rund um E-Mails und Messenger-Dienste zu beantworten. Die wenigsten planen hierfür die entsprechende Zeit in ihrem Kalender ein. Da sie jedoch auf alle Fälle diese Zeit dafür brauchen, geht ihr Tagesplan somit nie auf.

Die drei Hauptprobleme der digitalen schriftlichen Kommunikation und ihre Lösungen

In diesem Kapitel treffen wir also auf drei Hauptprobleme der modernen Kommunikation:

1. Es gibt immer neue Kommunikationskanäle, die aber nur noch mehr „Traffic" generieren.
2. Um dem Herr zu werden, arbeiten wir in der Regel aber nur an den Symptomen statt an den Ursachen.
3. Denn wir denken in Tools statt in Kommunikationsanforderungen.

Lassen Sie uns diese drei Probleme einzeln eingehender beleuchten.

Problem 1: Wir öffnen immer neue Kommunikationskanäle

Häufig erlebe ich, dass beim Start neuer Projekte die naheliegendste Kommunikationsform gewählt wird: eine Chatgruppe, häufig auf WhatsApp. Das kennen alle und haben auch alle auf ihren Smartphones. Die Idee ist gar nicht schlecht, wenn sie konsequent durchgezogen wird.

Was heißt das? Idealerweise sollte diese Art der Kommunikation auch die einzige Art der schriftlichen Kommunikation sein. Somit sollten in diesem Projekt dann WhatsApp-Nachrichten *statt* E-Mails genutzt werden.

In der Praxis erlebe ich jedoch, dass es meist keine klaren Regelungen und Absprachen dazu gibt. Somit werden im schlimmsten Fall sogar manche Nachrichten als E-Mail und nochmals als Messenger-Nachricht gesendet. Vielleicht kennen Sie noch Kolleginnen oder Kollegen, die früher bei Ihnen angerufen und Sie gefragt haben, ob Sie ihre E-Mail schon gelesen haben. Heute wird oft per WhatsApp nachgefragt, ob man eine E-Mail gelesen hat. Spätestens dann haben Sie doppelt so viele Nachrichten wie bisher.

Das Problem wird oft dadurch verstärkt, dass nicht das ganze Projektteam auf WhatsApp aktiv ist oder nicht alle ein Firmen-Smartphone haben. Dann gibt es häufig sogar noch eine „Versorger-Kommunikation", mit der diejenigen in der Gruppe auf dem Laufenden gehalten werden, die keinen Zugriff auf WhatsApp haben. In der Zusammenarbeit mit Externen ist sowieso oft – aus gutem Grund – die Nutzung von WhatsApp oder anderen Messenger-Diensten untersagt.

Aber das ist dann ja kein Problem – dann wird einfach der Chat von Microsoft (MS) *Teams* oder *Slack* genutzt.

> **STICHWORT „Slack".** *Slack* war die erste professionelle Chatplattform für Unternehmen, und MS Teams ist spätestens seit der Pandemie der Quasi-Unternehmensstandard geworden. 85 Prozent aller deutschen Unternehmen nutzen die Microsoft-Office-Produkte für ihre digitale Büroorganisation.

So weit, so gut. Das Problem dabei ist nur, dass auch diese Dienste oft nicht anstatt, sondern zusätzlich zu E-Mails genutzt werden. Im extremen Fall gibt es dann sogar drei Kommunikationskanäle: E-Mail, MS Teams und WhatsApp.

Auch innerhalb von *MS Teams* wird es häufig chaotisch. Da wird pro Thema ein neuer Kanal eröffnet. Darüber hinaus gibt es ja auch noch einen kanalübergreifenden Chat, der dann fleißig genutzt wird. Zum Glück gibt es ja in *MS Teams* einen Bereich „Aktivitäten", in dem man dann halbwegs den Überblick behalten kann, wo man überall erwähnt, also getaggt wurde.

STICHWORT „taggen". Viele Nutzende von *MS Teams* sind noch nicht mit der Systematik des Taggens vertraut, d. h. mit dem Prinzip, dass man andere, die etwas tun sollen, mit einem „@"-Zeichen markieren muss. Sonst sehen diese nämlich nicht, dass sie in einer Nachricht erwähnt wurden. Wenn das Tagging übertrieben wird, sind die Tags die legitimen Nachfolger der CC-E-Mail.

Häufig erlebe ich auch, dass es vielen gar nicht bewusst ist, dass fast alle Plattformen auf fast allen Geräten nutzbar sind. Was heißt das? WhatsApp beispielsweise kann über Apps nicht nur auf Smartphones, sondern auch auf Tablets, Macs und PCs genutzt werden. Darüber hinaus sind die meisten Tools auch im Browser zu verwenden. Das ist vor allem für diejenigen wichtig, die auf ihren Dienstrechnern keine Software installieren dürfen.

Plattformen wie *MS Teams* können andersherum auch auf Smartphones genutzt werden. Da vielen dies nicht klar ist, nutzen sie dann *MS Teams* auf dem PC und WhatsApp unterwegs. Dass das die Kommunikationskanäle verdoppelt, dürfte einleuchtend sein.

Selten erlebe ich, dass Systeme wirklich bewusst evaluiert und ausgewählt werden. Noch seltener erlebe ich es, dass die Frage gestellt wird: „Wenn wir jetzt in diesem Projekt über Kanal A kommunizieren, welchen Kanal B klemmen wir dafür ab?" Doch häufig ist eine so klare Trennung auch nicht möglich; gerade bei Projekten mit Externen müssen manchmal auch E-Mails weitergeleitet werden. In solchen Fällen wird aber dann oft vergessen, festzulegen, welche Inhalte in einem Projekt über E-Mail und welche über Messenger-Dienste kommuniziert werden.

Problem 2: Wir arbeiten an den Symptomen statt an den Ursachen

Das oben beschriebene Problem haben Sie vielleicht auch schon in Ihrem beruflichen Alltag erlebt. Bis zu einem gewissen Grad wird das meist von allen Projektbeteiligten still akzeptiert. Irgendwann kommt dann der Punkt, an dem diese Masse an Nachrichten den Ersten in der Gruppe nervt. Doch meist legt der die Probleme dann nicht offen auf den Tisch, sondern versucht erst einmal für sich selbst, eine Lösung zu finden.

Einige investieren dann viel Zeit und experimentieren mit neuen Apps und Tools, um die Arbeitsteam-Kommunikation beherrschbar zu machen. Oft entstehen dadurch sogar gute Lösungen. Leider bleiben sie aber oft Insellösungen, und im schlimmsten Fall gefährden sie sogar die IT-Sicherheit im Unternehmen. Der Engpass beim Thema IT-Sicherheit ist der Mensch, und das Gegenteil von „gut" ist in dem Fall oft „gut gemeint".

Andere ignorieren einfach Kommunikationskanäle, die für sie keinen Sinn machen, und werden da durchaus kreativ.

BEISPIEL. *Ich habe beispielsweise in meiner Zeit bei Tchibo das Thema „überbordende CC-Mails" für mich gut gelöst: Ich richtete mir eine Outlook-Posteingangsregel ein, mit der alle CC-Mails automatisiert gelöscht wurden, außer sie kamen von meinem Chef. Circa einmal im Monat bekam ich einen Anruf von einem Kollegen, der mich fragte, ob ich seine E-Mail nicht gelesen hätte, in der ich im CC war. Ich sagte dann immer „Oh – die habe ich wahrscheinlich aus Versehen gelöscht. Kannst du mir die bitte einfach noch einmal schicken?" Dann kam sie direkt an mich als E-Mail und wurde nicht gelöscht.*

Habe ich damit mein Problem mit CC-Mails gelöst? Ja, und sogar sehr effektiv.

War die Lösung wirklich produktiv für die gesamte Gruppe? Eher nein. Sicherlich wäre es besser gewesen, wenn ich das Thema in einer unserer wöchentlichen Besprechungen thematisiert hätte.

Eine solche „Insellösung" ist jedoch manchmal die einzig mögliche, denn in Konzernen kann man als Einzelner in der Regel nicht die gesamte Kommunikations(un)kultur verändern. Gerade in kleineren Unternehmen oder in Projektteams wäre das aber möglich, doch wird hier meist die Chance vertan, Kommunikationstools und -regeln zu vereinbaren.

Wenn in Arbeitsgruppen jüngere Mitarbeiter sind, werden diese auch gern aufgefordert, neue Kommunikationstools in die Gruppen zu bringen, denn neue Tools versprechen in der Regel eine einfachere Bedienung, mehr Übersichtlichkeit und die Erlösung von der Nachrichtenflut. In der praktischen Anwendung zeigt sich dann aber oft, dass das neue Tool mehr Komplexität als Produktivität bringt. Und das erzeugt dann oft noch mehr Frust im Arbeitsteam.

Problem 3: Wir denken in Tools statt in Kommunikationsanforderungen

Neue Kommunikationstools sind klasse, wenn sie wirklich zu den Kommunikationsanforderungen im Arbeitsteam oder Projekt passen. Häufig wird der Blick nur auf die Funktionalitäten der Tools statt auf die Anforderungen gerichtet. Das ist dann ein bisschen so wie beim Autokauf: Ein schnittiger Sportwagen macht natürlich mehr Spaß als ein Familien-Van. Aber wenn Sie dann mit dem zweisitzigen Cabriolet nach Hause kommen und Ihre drei Kinder Sie fragend ansehen, wo sie denn mitfahren können, macht das coole Auto keinen Sinn mehr.

In Projekt- oder Gruppenbesprechungen wird viel zu selten über die Anforderungen der internen und externen Kommunikation gesprochen. Jeder denkt sich: „Ist doch eh klar", aber klar ist meist nur wenig. Selten sind sich die Beteiligten bewusst, wer von ihnen welche Informationen wann benötigt und über welchen Kanal sie wie verteilt werden. Oft erlebe ich dann, dass Informationen „zur Sicherheit" mehrfach verteilt werden. Jeder Projektbeteiligte organisiert dann auch oft für sich ein persönliches Ablagesystem für diese Informationen, statt einen gemeinsamen Ablageort zu organisieren, auf den alle bei Bedarf Zugriff haben. Der Engpass beim Thema Organisation ist in der Regel nicht die Technik, sondern der Mensch.

Es wird auch meist nicht zwischen „dringenden" und „nicht dringenden" Nachrichten unterschieden. Viele Projektgruppen sind im „Dauer-Feuerlösch-Modus", weil alle Nachrichten immer sofort bearbeitet werden müssen. Muss das wirklich so sein? Meiner Erfahrung nach sind E-Mails, die sofort beantwortet werden müssen, eher die Ausnahme. Leider haben die wenigsten Gruppen für solche Fälle einen Notfallkanal etabliert und kommuniziert.

Hinzu kommt, dass sich die meisten Office-Worker heute ihre digitale Post einfach auf ihren digitalen Schreibtisch knallen lassen. Was meine ich damit? In der analogen Welt würden Sie es sich zu Recht verbitten, dass alle zwei Minuten jemand neue Post auf Ihren Schreibtisch ablädt. In der digitalen Welt lassen wir genau das zu: durch Push-E-Mails. Die rot gefärbte Anzahl neuer E-Mail-Eingänge ist magisch, und es gibt Studien, die zeigen, dass durch die rote Zahl bei der Mail-App die gleichen Gehirnregionen aktiviert werden, als würde der Säbelzahntiger hinter uns aus dem Busch springen. Macht das Sinn? Eher nicht.

Umso wichtiger ist es, dass Sie sich in der Arbeitsgruppe und als Einzelner Gedanken darüber machen, wie Sie was mit welchen analogen und digitalen Tools kommunizieren werden. Sie haben richtig gelesen: Auch analoge Tools können sinnvoll sein. Wenn Sie beispielsweise einen Konflikt mit einem Kollegen haben, macht ein kurzes und klärendes Gespräch in der Mittagspause meist mehr Sinn als das berühmte E-Mail-Ping-Pong.

Nachdem wir jetzt die typischen Probleme der digitalen Kommunikation beim Namen genannt haben, lassen Sie uns gemeinsam herausfinden, welche Wege aus diesem Kommunikations-Dschungel herausführen. Danach stelle ich Ihnen einige digitale Tools und deren optimalen Einsatzbereiche vor. Das aber bewusst erst, nachdem wir die von Tools unabhängigen Lösungsansätze angesehen haben, denn der Engpass für mehr Produktivität ist meist nicht die Technik, sondern die organisatorische Herangehensweise.

Hier noch mal die Probleme im Überblick:

▶ Problem 1: Wir öffnen immer neue Kommunikationskanäle
▶ Problem 2: Wir arbeiten an den Symptomen statt an den Ursachen
▶ Problem 3: Wir denken in Tools statt in Kommunikationsanforderungen

Lösung für Problem 1: Wählen Sie für jeden Zweck das passende Kommunikationstool

Idealerweise klären Sie in jeder Arbeitsgruppe und in jedem Projekt, in dem Sie mitarbeiten, vorab die Kommunikationsbedürfnisse und -wege. Weshalb ist das wichtig? Es gibt dafür aus meiner Erfahrung drei Gründe:

▶ Zum einen nehmen Sie alle in der Gruppe auch emotional mit. Jeder fühlt sich angesprochen und kann Vorschläge machen.
▶ Zum Zweiten kommen dabei Überlegungen auf den Tisch, die nicht jedem im Arbeitsteam bewusst waren („Oh, daran hätt ich gar nicht gedacht!"),
▶ und zum Dritten kommen Sie im Rahmen dieses Prozesses bereits auf neue Ideen („Das erleichtert uns die Arbeit ja ungemein!").

CHECKLISTE.
Hier die wichtigsten Fragen, die im Arbeitsteam zu klären sind. Diese Fragen sollten Sie idealerweise nicht in einer WhatsApp-Gruppe, sondern in einer persönlichen Besprechung klären.

- Wer benötigt regelmäßig welche Informationen?
- Welche Systeme sind dafür bereits im Haus vorhanden?
- Welche Informationen kommen immer mehrfach an?
- Welche Informationen fehlen?
- Welche Informationen sind überflüssig?
- Welche Informationen kommen in einer Form an, mit der man nichts anfangen kann?
- Welche Informationen könnte man zentral an einer Stelle speichern und allen in der Projektgruppe Zugriff darauf gewähren?
- Wer arbeitet heute in der Projektgruppe mit welchen Systemen?
- Was nervt im täglichen Umgang mit den heutigen Systemen?
- Welche Verbesserungsideen gibt es mit den heutigen Systemen?

Aus meiner über 35-jährigen Berufserfahrung in unterschiedlichen Unternehmen kann ich eines ganz klar sagen: Es gibt nicht *das eine* perfekte Kommunikationssystem. In einer Gruppe kann E-Mail das perfekte Medium sein, in einer anderen Gruppe, die in einem großen Raum sitzt, ist vielleicht ein tägliches Stand-up-Meeting die beste Methode. In einem dritten Arbeitsteam, das ausschließlich mit Smartphones unterwegs ist, kann sogar eine WhatsApp-Gruppe die geeignetste Lösung sein. Wichtig sind immer die Kriterien, die für das Arbeitsteam wichtig sind.

Hier die aus meiner Sicht wichtigsten Kriterien für ein gutes Kommunikationssystem:

- Es sollte **auf allen Endgeräten verfügbar** sein, mit denen im Arbeitsteam gearbeitet wird. Bitte nicht nur in der Theorie, sondern auch in der Praxis. Was meine ich damit? Auf den Webseiten der Anbieter sehen die Systeme immer toll aus, aber es gibt zwei Bereiche, in denen ich eine klare Empfehlung habe: Zum einen empfehle ich reine Online-Systeme, die zwingend eine Internetverbindung benötigen, nur dann, wenn Sie in einer reinen Bürosituation mit einem schnellen Internet arbeiten. Sobald Sie auch mobil arbeiten, sollten Sie Lösungen nutzen, die sich automatisch online synchronisieren, die aber auch offline arbeitsfähig sind. Ich erlebe es jede Woche, dass ich unterwegs einmal kurzzeitig keinen schnellen Internetzugang habe, und dann bin ich froh, wenn ich den letzten Stand auch offline im Zugriff habe – von langen Zugfahrten ganz zu schweigen.

- Wenn Sie mobil und vor allem auf Ihrem Smartphone arbeiten wollen, sollten Sie auch möglichst **eher auf Apps statt auf browserbasierte Lösungen** setzen. Selbst wenn Sie eine gute Internetverbindung haben, ist die Bedienung von Webseiten auf Smartphones selten so flüssig wie in Apps.
- Wichtig ist dabei, dass auch **Externe miteinbezogen** werden. Wenn Sie als Unternehmen beispielsweise *MS Teams* einsetzen, Ihr wichtigster Kunde aber auf die Google-Suite setzt, macht *MS Teams* für Sie keinen Sinn. Es ist somit immer zu betrachten, mit welchen Systemen die Mehrheit arbeitet. Wenn die Minderheit aber nicht mit einem vertretbaren Aufwand auf das gleiche System gehen kann, müssen Sie eine Alternative finden. Ja, das kostet manchmal viel Kraft, die sich aber hinterher dennoch mehrfach auszahlt.
- Als Nächstes ist wichtig, dass Sie **Informationen in Ihrem System leicht wiederfinden** können. Jeder, der einmal etwas in einer WhatsApp-Gruppe gesucht hat, weiß, wovon ich rede – ganz zu schweigen von den bereits erwähnten Sprachnachrichten. Neben einer Volltextsuche sind hier gute Strukturierungsmöglichkeiten wichtig. Diese müssen zu Ihren Anforderungen passen. Weniger ist hier übrigens mehr, denn wenn Sie sich mehr mit der Strukturierung des Systems als mit den Inhalten beschäftigen, machen Sie etwas falsch.
- Ihr System sollte möglichst **intuitiv bedienbar** sein und damit eine **hohe Akzeptanz** bei allen erreichen. Das beste System wird sich nie durchsetzen, wenn es im Unternehmen nicht wirklich akzeptiert wird. Wichtig ist hier, im Evaluationsprozess niemanden zu überfahren. Übergangene werden sonst oberflächlich zustimmen, aber insgeheim dann doch weiterhin ihre bisherigen Arbeitsweisen behalten. Meine Erfahrung ist, dass diejenigen, die man lange überzeugen musste, die neuen Systeme mit am konsequentesten einsetzen. Commitment muss sein. Commitment muss vereinbart werden.

Lösung für Problem 2: Testen Sie mögliche Kommunikationssysteme

Ein Vorab-Test der infrage kommenden Kommunikationssysteme ist auf jeden Fall zu empfehlen, um Vor- und Nachteile „im echten Betrieb" herauszufinden.

Möglich sind Tests

- in einem kleinen Kern-Team
- im privaten Umfeld
- in speziell dafür eingerichteten Innovationsteams.

Test im Kern-Team

Wenn Sie meinen, das richtige System gefunden zu haben, sollten Sie es auf alle Fälle in einem kleinen Kern-Team testen, bevor Sie es im gesamten Arbeitsteam einführen. Manchmal macht es sogar Sinn, zwei Systeme parallel zu testen, vor allem dann, wenn es zwei Favoriten und darüber heiße Diskussionen in der Gruppe gibt.

Wichtig beim Testen ist, dass das bisherige Echtsystem noch unangetastet bleibt und nur ein Teil-Team das neue System oder die neuen Systeme testet. Beim Testen sollten die Testkriterien vorher feststehen. Sonst besteht die Gefahr, dass das Wunschsystem der Tester hinterher schöngeredet wird und sich in der Praxis dann aber als untauglich herausstellt.

Wenn Sie Externe beim Testen miteinbeziehen, was ich sehr empfehle, sollten Sie auch diese nach ihren Erfahrungen mit dem Testsystem befragen und deren Verbesserungsvorschläge miteinbeziehen.

STICHWORT „Verbesserungsvorschläge". Aus einem Test kann nicht nur eine Ja-/Nein-Entscheidung, sondern auch eine Reihe von Verbesserungsvorschlägen resultieren. Das ist sogar der Idealfall. Es kann sein, dass die vorhandenen Kommunikationssysteme auch in Zukunft weitergenutzt werden, aber in optimierter Form. So wurde vielleicht im Test eine chatbasierte Kommunikation über *MS Teams* getestet und dabei herausgefunden, dass es doch besser ist, weiterhin über E-Mail zu kommunizieren, allerdings mit klar definierten Spielregeln.

Häufig sorgen genau diese nicht klar definierten Spielregeln für Kommunikationschaos. Von daher nutzen Sie den Test, um für jedes zu testende System (auch für das bestehende System zum Vergleich) klare Spielregeln im Umgang zu definieren.

CHECKLISTE.
Hier die für den Test wichtigsten zu klärenden Fragen. Diese Fragen eignen sich auch hervorragend dafür, im Test zu evaluieren, ob die Spielregeln damit gut umsetzbar sind.

- Für welche Art von Kommunikation nutzen wir den Kommunikationskanal (nicht)?
- Welche Responsezeit wird erwartet bzw. garantiert?
- Über welchen Notfallkanal sind wir erreichbar, wenn Nachrichten nicht laufend gecheckt werden?
- Welche gemeinsam abgestimmten Codes gibt es für Betreffzeilen?
- Wann wird ausschließlich über Betreffzeilen kommuniziert?
- Wann wird jemand für welche Zwecke in CC gesetzt?
- Wie werden Aufgaben verteilt und nachgehalten?
- Wie werden Dokumente verteilt? (idealerweise als ein Link auf ein zentral gespeichertes Dokument)

Hier finden Sie eine entsprechende Check-liste.

Test im privaten Umfeld

Eine weitere Möglichkeit ist ein Test der Systeme im privaten Umfeld. Das macht allerdings nur dann Sinn, wenn die betrieblichen Anforderungen im Test abbildbar sind. Diese Art des Tests kann aber auch eine gute Vorstufe zu einem Test im Arbeitsteam sein. Damit können vor allem ganz neue Systeme schon einmal im Vorfeld getestet und dann ggf. aus dem offiziellen Test herausgenommen werden. Oft gibt es auch Kolleginnen oder Kollegen im Arbeitsteam, die ein Faible für digitale Tools in ihrer privaten Organisation haben. Diese Erfahrungen sollte man nach Möglichkeit auch im Unternehmen nutzen. Im privaten IT-Umfeld gibt es in der Regel auch keine Restriktionen beim Installieren neuer Software zu Testzwecken.

Test durch ein Innovationsteam

Wenn es im Unternehmen Restriktionen bei der Installation neuer Software gibt, empfehle ich die Einrichtung von Innovations-/Testteams mit erweiterten Berech-tigungen. Bei breiten Tests kann es auch sinnvoll sein, dedizierte Testgeräte zu nutzen. Damit reduzieren Sie das Risiko von IT-Problemen auf Ihren Produktivsystemen und Sie können damit auch Test- und Echtbetrieb leichter voneinander trennen. Der Nachteil ist allerdings, dass Sie mehr Hardware mitschleppen müssen, und es entfällt dadurch die Möglichkeit, dass Sie einmal schnell etwas zwischen Echt- und Testsystem hin und her kopieren können.

In größeren Unternehmen kann es auch sinnvoll sein, Innovationsteams als Quasi-Spielwiesen einzurichten, die neue Systeme regelhaft und strukturiert testen.

Wie ist hier die optimale Vorgehensweise für die Auswahl der zu testenden Systeme?

Hierfür empfehle ich das Framework der „**Strategy Map**", die sich aus der Balanced Scorecard abgeleitet hat. Hier werden nacheinander folgende Fragen in einer Kausalkette abgefragt:

▷ Welche finanziellen Ziele wollen wir erreichen?
▷ Welche Kundinnen und Kunden müssen wir dafür wie begeistern und welche Ziele mit ihnen erreichen, um unsere finanziellen Ziele zu realisieren?
▷ Welche Prozesse müssen wir dafür wie optimieren?
▷ Wie müssen wir unsere Systeme und Menschen weiterentwickeln, um diese Prozess-Ziele zu erreichen?

Die Beantwortung der Fragen in dieser Reihenfolge hat den großen Vorteil, dass Technologien nicht als Selbstzweck eingeführt, sondern immer aus der Unternehmensstrategie abgeleitet werden.

Die Kausalkette kann – und sollte aber auch – gerade in Innovationsteams auch andersherum gedacht werden, nämlich:

▷ Welche neuen Tools und Technologien sind heute bereits nutzbar?
▷ Wie können wir damit unsere Prozesse optimieren und neue Prozesse gestalten?
▷ Welche bestehenden und welche neuen Kunden können wir damit begeistern?
▷ Welche finanziellen Wachstumsmöglichkeiten entstehen daraus?

Die Gefahr bei dieser Reihenfolge ist, dass der Fokus zu stark auf der ersten Frage liegt. Das Risiko wird aber dadurch reduziert, dass sich die weiteren Fragen unmittelbar anschließen. Jedes Tool, das keine positiven Antworten bis in die vierte Frage liefert, muss aussortiert werden.

Hier finden Sie ein Audio, in dem ich erzähle, wie Coca-Cola das Grundprinzip der Strategy Map genutzt hat, um über 20 Prozent produktiver im Vertrieb zu werden.

STICHWORT „Aussortieren". Bei Digitalisierungsprojekten erlebe ich oft, dass analoge Prozesse unreflektiert 1:1 digitalisiert werden. Da werden beispielsweise Papierformulare 1:1 in digitale Formulare umgesetzt, ohne zu fragen: „Brauchen wir das Formular überhaupt noch?" bzw. „Welche Felder benötigen wir überhaupt noch?" Natürlich kann es in diesem Prozess auch sinnvoll sein, neue Formulare und Felder einzuführen. Das ist aber eher die Ausnahme.

Lösung für Problem 3: Kommunikationssysteme festlegen

Wenn im Rahmen der Tests herausgekommen ist, dass das System gewechselt oder überarbeitet werden sollte, nehmen Sie sich die Zeit dazu. Widerstehen Sie dem Drang zu schnellen Lösungen. Die bringen zwar kurzzeitig Erfolge, verschärfen aber langfristig die Probleme. Darüber hinaus ist der Prozess des Evaluierens, Testens und Einführens auch kein einmaliger, sondern ein laufender Prozess. Sollte man jetzt dauerhaft seine Kommunikationssysteme ändern? Nein. Aber es macht Sinn, die eingesetzten Systeme von Zeit zu Zeit wieder auf den Prüfstand zu stellen. Wenn Sie nicht nur mit, sondern auch regelmäßig *an* ihren Systemen arbeiten, optimieren Sie Ihre Arbeitsweisen auch regelmäßig und werden dabei immer produktiver.

Meistens macht es Sinn, dass nicht alle im Team, sondern Ausgewählte, sogenannte Champions, diese Arbeit übernehmen. Damit bleiben diese am Puls der Zeit und testen regelmäßig neue Tools, während sich die anderen auf das produktive Arbeiten konzentrieren können. Meist gibt es in Arbeitsteams einige Kolleginnen oder Kollegen, die darauf besonders viel Lust haben. Nutzen Sie deren Motivation. Und nein, das sind nicht immer die berühmten Digital Natives, sondern sehr häufig sogar die Erfahreneren.

Die regelmäßige Überprüfung der Tools heißt aber nicht, dass Sie heute mit dem einen und morgen mit dem anderen Tool arbeiten. Wenn Sie sich für ein Tool entschieden haben, bleiben Sie so lange bei diesem Tool, bis sie es durch ein neues mit neuer Arbeitsweise – nach gründlichen Tests – ersetzen.

Gute Organisation entsteht vor allem, wenn die passenden Systeme im Arbeitsteam eingesetzt werden und dann diszipliniert damit gearbeitet wird. Von daher empfehle ich eine weitere Rolle in Gruppen: Prozess-Verantwortliche, die darauf achten, wie gut mit den vereinbarten Systemen und Tools gearbeitet wird. Denn häufig werden bewährte Systeme zu schnell über den Haufen geworfen, obwohl nicht das System, sondern die konsequente Nutzung der Engpass ist.

Jetzt fragen Sie sich vielleicht, ob das nur für E-Mails und Messenger-Systeme gilt. Natürlich nicht. Diese Grundlagen gelten auch für die anderen hier im Buch besprochenen Bereiche. Ich habe das Kapitel „E-Mail und Messenger" bewusst an den Anfang des Buches gestellt, da jeder im beruflichen Umfeld damit arbeitet und seine täglichen Herausforderungen damit hat.

Tipps und Tools gegen die Message-Flut

Wie versprochen gebe ich Ihnen jetzt ein paar Tipps und „Kollaborationstools" an die Hand, damit Sie gerüstet sind für den Ansturm der sicher nicht auf sich warten lassenden nächsten Welle an digitalen Nachrichten.

Tipps und Tools gegen die E-Mail-Flut

E-Mail ist sicherlich in vielen Fällen für Sie das passende System für Ihre Kommunikation. Denn: Im Gegensatz zu Sprachnachrichten können Sie E-Mails im Volltext durchsuchen und auch in Unterordnern organisieren. Das führt mich gleich zum wichtigsten Tipp für E-Mails:

Wenden Sie die „Eins minus zwei"-Regel an

Diese Regel habe ich aus dem großartigen Buch „Simplify your Life" von Tiki Küstenmacher und Prof. Dr. Lothar Seiwert. Was ist die Idee?

In der Regel ist die E-Mail-Ablage eine Einbahnstraße. Wir schieben E-Mails fleißig in Unterordner, aber löschen nie E-Mails aus den Unterordnern, die wir nicht mehr benötigen. Natürlich haben alle E-Mail-Systeme eine sehr gute Volltextsuche, aber wenn Sie dann zu einem Suchvorgang über 250 Suchergebnisse haben, haben Sie den Google-Effekt – Sie finden nichts mehr in der Fülle der Suchtreffer.

Die Lösung ist ganz einfach:

Wenn Sie eine E-Mail in einem Unterordner ablegen, gehen Sie sofort in diesen Unterordner und löschen mindestens zwei E-Mails daraus.

Glauben Sie mir, das geht immer, und meistens geht auch sogar noch etwas mehr. Mit diesem einfachen Trick haben Sie ein perfektes System für permanentes Ausmisten geschaffen.

Das Ganze können Sie übrigens auch für Dateien und Papierordner nutzen. Früher hatte ich beispielsweise einen Papierordner für Garantiebelege. Immer wenn ich einen neuen Garantiebeleg abgeheftet habe, habe ich schnell hinten geprüft, ob ein Beleg älter als die Garantiezeit war. Somit ist dieser Ordner immer aktuell und schlank geblieben.

Meine „Inbox/Outbox Zero"

Sie müssen zwar nicht so extrem sein wie ich und die „Inbox Zero" umsetzen: Bei mir ist abends der E-Mail-Postkorb leer. Aber ich kann aus eigener Erfahrung sagen: Es lohnt sich. Der Trick ist, in dem Moment, in dem Sie eine E-Mail bearbeiten, sofort zu entscheiden, was Sie damit machen.

Ich gehe sogar noch weiter und nutze die „Outbox-Zero":

Wenn ich eine E-Mail nicht mehr benötige, lösche ich sie sofort. Beispiele sind hier die klassischen „Vielen Dank"-Mails. Intern empfehle ich sogar, digital unhöflich zu sein, also keine Danke-Mails zu schreiben. Extern geht das natürlich nicht immer so einfach. Meiner Erfahrung nach können wir über die Hälfte aller E-Mails nach dem Senden sofort löschen. Jetzt sagen Sie vielleicht: „Das bringt jetzt aber doch nichts für ‚Inbox-Zero'!" Stimmt. Ich ergänze „Inbox-Zero" durch „Outbox-Zero". Was heißt das? Genau – bei mir ist abends nicht nur der Posteingang, sondern auch der Gesendet-Ordner leer. Wieder weniger Suchergebnisse.

Wenn ich eine gesendete E-Mail noch brauche, so gibt es folgende Optionen:

▹ Ich warte auf eine Antwort. Dann schiebe ich die E-Mail sofort in meinen Unterordner „Warten". Natürlich nutze ich dann gleich die Chance und lösche zwei E-Mails in diesem Ordner, die sich mittlerweile erledigt haben.

- Ich brauche die E-Mail an einem bestimmten Tag, z. B. wenn ich eine Meeting-Einladung versende. Dann schiebe ich die E-Mail in einen meiner Wochentags-ordner, also entweder in „Montag", „Dienstag", „Mittwoch", „Donnerstag", „Freitag" oder „Wochenende". Damit finde ich immer alle Meeting-Einladungen, die ich an diesem Tag benötige. In die Wochentagsordner schiebe ich auch E-Mails, die ich an dem bestimmten Wochentag bearbeiten werde.
- Um diese von den termingebundenen E-Mails zu unterscheiden, markiere ich die Termin-E-Mails mit einem blauen Fähnchen. Dringende Tätigkeiten markiere ich in Rot und Anrufe in Gelb.

Ist das *das* perfekte System? Nein. Natürlich nicht. Aber es ist eine Möglichkeit, mit der ich täglich über 400 eingehende E-Mails auf „Inbox-Zero" bringe.

Jetzt sagen Sie vielleicht: „Waaas?! 400 E-Mails – das kann doch nie klappen!" Doch, es funktioniert, auch durch folgende weitere Tricks:

Ich nutze **intelligente Posteingangsregeln** in meinem *Outlook*. Hier die wichtigsten:

- Newsletter werden automatisch in einen Unterordner „News" verschoben. Beim Newsletter-Ordner nutze ich darüber hinaus die „Auto-Archivieren"-Funktion von *Outlook*. Die finden Sie, wenn Sie mit der rechten Maustaste einen Unterordner und dann in den Ordnereigenschaften die Auto-Archivierung anklicken. Dort habe ich eingestellt, dass Newsletter, die ich nicht in zwei Wochen gelesen habe, auto-matisch gelöscht werden. Newsletter, die ich später noch brauche, archiviere ich in meinem Notizsystem „OneNote".
- E-Mails, die ich in CC erhalte, wandern automatisch in einen Unterordner „CC". In der Regel muss ich da nicht aktiv werden und weiß, wo ich die E-Mails bei Bedarf finde.
- E-Mails von unseriösen Absendern gehen automatisch in meinen Spam-Filter.
- Seriöse Newsletter, die ich nicht mehr lese, bestelle ich über den Link im News-letter ab.

Extra-Tipp bei bereits übervollem Posteingang
Ein Grund, warum E-Mail-Postfächer überlaufen, ist, dass wir kein System haben, um E-Mails „loszuwerden". Deshalb sind meine drei Optionen:

E-Mails loswerden:
1. Löschen,
2. in einen Unterordner schieben oder
3. in *OneNote* ablegen und dann aus dem E-Mail-System löschen. (Wenn ich kundenbezogene E-Mails (wie Angebote) erhalte, archiviere ich diese per Mausklick in meinem Customer-Relationship-System (CRM) und lösche dann auch diese aus meinem E-Mail-Programm.)

Wenn Sie in Ihrem Posteingang heute bereits mehrere Tausend E-Mails haben, empfehle ich Ihnen, einen neuen Unterordner „Posteingang-Alt" anzulegen und die alten E-Mails dahin zu verschieben. Damit haben Sie sofort „Inbox-Zero".

Bearbeiten sich diese E-Mails dann von allein? Natürlich nicht, aber es ist viel motivierender, als gegen Windmühlen anzukämpfen, und Sie wissen ja immer, wo Sie bei Nachfragen alte E-Mails finden. Am Ende Ihrer täglichen E-Mail-Routine sollten Sie ein bis zwei E-Mails aus Ihrem alten Posteingang bearbeiten. Somit bauen Sie diesen Stück für Stück ab.

Ordnen und synchronisieren Sie Ihre E-Mails automatisch

Wenn Sie, wie ich, viel mit Smartphone und Tablet unterwegs arbeiten, sollten Sie darauf achten, Ihre *Outlook*-Daten immer auf allen Systemen automatisch synchron zu haben. Am einfachsten geht das heute mit Microsoft 365, dem Nachfolger von Office 365 oder einem *Exchange*-Postfach.

Hier finden Sie ein Video, in dem die Unterschiede zwischen verschiedenen E-Mail-Kontoarten erklärt werden.

Wenn Sie viel mit mobilen Endgeräten arbeiten, werden Sie auch schmerzlich die Möglichkeit vermissen, Posteingangsregeln auf diesen Geräten einzurichten. Entweder Sie richten dann die Regeln immer an Ihrem Rechner ein oder Sie nutzen den Dienst **SaneBox**. Die Idee von *SaneBox* ist, dass Sie eine E-Mail in einen Unterordner schieben können und sich das System das automatisch merkt – auch auf mobilen Endgeräten. Wenn die nächste E-Mail von der gleichen E-Mail-Adresse kommt, wird die E-Mail wieder in den gleichen Unterordner abgelegt. *SaneBox* hat darüber hinaus auch einen sehr intelligenten Spamfilter und einen *SaneLater*-Ordner, in den E-Mails verschoben werden können, die das System als weniger wichtig erkennt. Ich bin immer wieder erstaunt, wie gut das in der Praxis funktioniert, und Sie können ja auch immer durch manuelles Verschieben die Regeln beeinflussen.

  Hier finden Sie ein Video zur Erstellung von Posteingangsregeln in *Outlook.*

Eine Funktion gibt es dafür eher auf mobilen Endgeräten als in *Outlook*: „VIP-E-Mails". Wenn Sie im Posteingang wichtige E-Mail-Adressen durch Antippen auf „VIP-Status" setzen, finden Sie diese E-Mails ab sofort in einem separaten VIP-Posteingang. Beim iPhone und iPad können Sie sich diesen Posteingang sogar als Symbol auf Ihren Home-Screen legen.

  Wie Sie den VIP-Status setzen, sehen Sie in diesem Video.

Neben automatisierten Regeln, Apps und Tools nutze ich noch eine weitere „Geheimwaffe": meinen virtuellen privaten Assistenten (VPA). Das Konzept habe ich aus dem Buch „Die 4-Stunden-Woche" von Timothy Ferriss gelernt. Die Idee: Externe Dienstleister bieten Assistenzleistungen an – mit Firmensitz in Deutschland und Assistenten in Osteuropa. Damit haben Sie eine Assistenz zu einem Bruchteil der üblichen Kosten. Mein Assistent begleitet mich bereits seit über zwölf Jahren und er bearbeitet auch morgens als Erstes meine E-Mails.

Am späten Nachmittag bzw. Abend, bevor ich mit der Tagesplanung für den Folgetag meinen Arbeitstag beende, plane ich jeden Tag ein bis zwei Stunden für die Bearbeitung meiner E-Mails ein. Glauben Sie mir, die Zeit brauchen Sie immer. Deshalb sollten Sie sie sich auch fest im Kalender eintragen.

Tipps und Tools gegen die WhatsApp-Flut

Wenn ich meiner 26-jährigen Tochter eine E-Mail schreibe, bekomme ich zwei Wochen später erst eine Antwort. Wenn ich ihr eine WhatsApp-Nachricht sende, antwortet sie innerhalb von zwei Minuten. Kommt Ihnen das bekannt vor? WhatsApp ist aber nicht nur im privaten, sondern auch im Business-Umfeld klar im Vormarsch. Für manche Organisationen macht das auch Sinn. Vor allem, wenn Sie vor allem mit Smartphones unterwegs sind und viel Ad-hoc-Kommunikation haben, auf die Sie später nicht unbedingt zurückgreifen müssen. Für das Suchen und Organisieren von Nachrichten sind E-Mails oder auch Kollaborations-Tools wie *MS Teams* deutlich besser geeignet.

Wie bereits oben beschrieben, haben Messenger-Dienste die große „Nebenwirkung", dass man jederzeit und überall erreichbar ist und von allen Seiten mit Nachrichten bombardiert wird. Und wenn es die Schwiegermutti ist, die die neuen Emojis präsentieren oder die witzigen animierten gifs in die Familiengruppe schickt. Dem kann man natürlich nicht ohne Familienkrach Einhalt gebieten. Aber gegen andere Messenger-Fluten kann man sich schützen.

Wenn WhatsApp der gewählte Kanal ist, gibt es für mich **drei große Herausforderungen**:

> ▹ Wie gehe ich damit um, wenn ich zwar per WhatsApp erreichbar sein will, ich aber meine Mobilfunknummer nicht kommunizieren möchte?
> ▹ Wie kann ich WhatsApp auch auf dem PC oder Mac nutzen?
> ▹ Wie kann ich Sprachnachrichten am besten verarbeiten?

Nutzen Sie „WhatsApp for Business"

Wenn Sie per WhatsApp erreichbar sein wollen, können Sie neben dem regulären WhatsApp **WhatsApp for Business** nutzen. Bei WhatsApp for Business können Sie auch eine Festnetznummer mit Ihrem WhatsApp-Konto verknüpfen. Auf Smartphones gibt es auch eine separate App dafür. Ich habe auf meinem iPhone WhatsApp und WhatsApp for Business. Mein iPhone hat zwei SIM-Karten: eine physische mit meiner Firmennummer und eine private eSim, deren Nummer nur die engere Familie kennt. Wenn ich mit meiner Tochter kommunizieren will, nutze ich „WhatsApp privat". Dienstlich bin ich per WhatsApp for Business erreichbar, bei dem ich meine Büro-Festnetznummer hinterlegt habe. Wenn ich Geschäftspartner zu „WhatsApp for Business" einladen möchte, erledige ich das über einen Einladungslink, den ich in der App generieren kann.

Der charmante Nebeneffekt: Unter meiner normalen Handynummer bin ich nicht bei WhatsApp zu finden und somit erhalte ich auch deutlich weniger ungefragte WhatsApp-Nachrichten, denn für andere sieht es auf den ersten Blick so aus, als wäre ich gar nicht bei WhatsApp.

WhatsApp for Business hat darüber hinaus noch mehr Möglichkeiten. So können Sie beispielsweise Autoresponder-Nachrichten einrichten und auch mit mehreren Benutzern ihre WhatsApp-Nachrichten bearbeiten. Somit können Sie WhatsApp wie eine Info@-Mail-Adresse nutzen. WhatsApp for Business ist aktuell noch kostenfrei und es gibt einige Lösungen von Drittanbietern, die eine WhatsApp for Business-Schnittstelle haben. Dazu zählen Multi-Messenger-Dienste und Chatbots.

Nutzen Sie „Franz" für WhatsApp auf Mac und PC

Wenn Sie WhatsApp auch auf dem PC nutzen wollen, gibt es aktuell zwei Möglichkeiten: die Web-Schnittstelle oder Programme, die auf diese Schnittstelle zugreifen. Wenn Sie einfach „WhatsApp-Web" googeln, finden Sie die entsprechenden Seiten dazu. Die Grundidee ist, dass Sie einen QR-Code mit Ihrem Handy scannen und damit über den Browser WhatsApp steuern können, wenn Sie Ihr Handy in Reichweite des PCs haben. In Zukunft wird WhatsApp sogar ohne Smartphone nutzbar sein.

Mehr Möglichkeiten haben Sie mit der Software Franz, die es für Macs und PCs gibt. *Franz* ist eine Multi-Messenger-Lösung, mit der Sie alle gängigen Messenger-Dienste in einem Programm im Zugriff haben. Das ist ähnlich wie *Outlook*, nur für WhatsApp, LinkedIn-Nachrichten, Threema & Co. Für bis zu drei verbundene Dienste ist *Franz* sogar kostenfrei nutzbar. Somit können Sie die Software auch erst einmal risikofrei testen.

Versuchen Sie Sprachnachrichten zu vermeiden

Mal eben eine Sprachnachricht schicken – das geht ja in der Regeln schneller als tippen, und dann kann man auch so richtig ausschweifen und vom „Hölzchen aufs Stöckchen" kommen. Das Sprechen und Versenden mag schnell gehen, aber der

Empfänger muss sich den Erguss dann auch anhören. Und das geht zum einen nicht überall; dazu braucht es in der Regel Privatsphäre, eine ruhige Umgebung – und Zeit. In puncto „Sprachnachrichten" ist ein Freund von mir da extrem konsequent. In seinem WhatsApp-Status steht: „Ich höre keine Sprachnachrichten ab!" Ich finde das klasse, aber es ist das in der Praxis nicht immer so durchzuhalten. Zum einen gibt es manchmal auch Nachrichten, bei denen der Ton die Musik macht, und da hat die Sprachnachricht einen emotionaleren Vorteil gegenüber einer reinen Textnachricht. Zum anderen können Sie auch nicht allen Externen immer Ihre Kommunikationswünsche vorgeben.

Zwei Lösungsansätze habe ich für Sie:

Der erste: **Sprechen Sie das Thema aktiv an**, denn vielen ist gar nicht bewusst, dass Sprachnachrichten Ihnen unangenehm sein könnten. Der Respekt-Trainer René Borbonus spricht in seinem Respektvortrag immer darüber, dass viele Respektlosigkeiten unabsichtlich passieren, und das ist für mich ein klassisches Beispiel dafür. Idealerweise geben Sie noch folgenden Vorschlag: „Ich weiß, Sprechen geht schneller als Tippen. Aber Lesen geht schneller als Hören. Und lesen kann ich von fast überall. Aber hören kann ich nicht immer. Von daher folgender Vorschlag: Nutzen Sie einfach die eingebaute Diktierfunktion Ihres Smartphones. Diese setzt Ihre Worte einfach in getippten Text um. Somit können Sie einfach sprechen und ich kann alles schnellstmöglich einfach lesen." Meiner Erfahrung nach ist vielen diese Funktion gar nicht bekannt und es ist für viele Menschen eine perfekte Lösung.

Wenn Sie doch Sprachnachrichten erhalten, kann ich Ihnen die App *Voicepop* sehr empfehlen. An diese App können Sie auf Ihrem Smartphone WhatsApp-Sprachnachrichten einfach weiterleiten und die App wandelt die Sprachnachricht dann in getippten Text um. Für bis zu drei Minuten lange Nachrichten können Sie die App sogar kostenfrei nutzen. Für längere Nachrichten müssen Sie ein kostenpflichtiges Abonnement abschließen. Aber ich finde, dass es gut investiertes Geld ist.

Kollaborationstools

E-Mails sind manchmal für Ad-hoc-Kommunikation etwas sperrig und WhatsApp und Co. werden schnell unübersichtlich. Das Beste aus beiden Welten kombinieren sogenannte Kollaborationstools.

Die erste Lösung, die in diesem Bereich populär wurde, war *Slack*. Mittlerweile hat Microsoft mit *MS Teams* einen strukturierten Gegenentwurf zu *Slack* im Markt etabliert. Zu Recht hat Microsoft *Slack* in diesem Bereich mittlerweile sogar überholt.

Die Grundidee dieser Tools ist die Organisation in Kanälen. Somit können Themen so gruppiert werden, dass man danach suchen kann. Das löst eines der größten Probleme von WhatsApp. Gleichzeitig gibt es aber Smartphone-Apps, mit denen man in gewohnter WhatsApp-Manier auch in *MS Teams* chatten kann. Wenn man sich einmal an die andere App und die Kanäle gewöhnt hat, merkt man fast keinen Unterschied mehr und hat alle Vorteile der Struktur. Das ist für mich auch ein klassisches Beispiel dafür, dass es oft Sinn macht, einen kleinen Strukturierungsaufwand in Kauf zu nehmen, um im Nachgang nicht den Überblick zu verlieren.

Slack und *MS Teams* können auch schnell unübersichtlich werden, wenn man nicht ein paar Grundregeln beachtet. Deshalb hier:

Meine besten Tipps zum Umgang mit MS Teams & Co.

▷ Das Einrichten von *MS Teams* und Kanälen sollte nicht unkontrolliert für alle Anwender möglich sein. Natürlich ist es nervig, wenn man zum Anlegen eines Kanals jeweils die IT oder einen Key-User im Arbeitsteam ansprechen muss, aber eine Doppelung von Kanälen zum gleichen Thema ist noch viel nerviger, als den Kontakt zur IT oder zum Key-User zu suchen. Glauben Sie mir: Ich habe das bereits mehr als einmal in meinen Kundenprojekten erlebt.

▷ Bei Kanälen gilt: Weniger ist mehr, denn in jedem Kanal gibt es mindestens einen neuen Chat und einen Dateienbereich. Meistens gibt es auch noch mehr Registerlaschen und damit mehr Orte, an denen man Informationen ablegen kann. Je mehr Kanäle man hat, desto mehr Informationen werden redundant abgelegt, und der Suchaufwand steigt. Für übergreifende Themen gibt es immer noch den gruppenübergreifenden Chat. Diesen können Sie auch als Gruppenchat erweitern. Mittlerweile ist es übrigens zum Glück auch möglich, Chats zu löschen. Genau wie bei E-Mails sollten Sie hier die „Eins minus zwei"-Regel anwenden.

▷ Wenn Sie sicherstellen wollen, dass jemand durch eine Nachricht von Ihnen aktiv wird, sollten Sie sie oder ihn unbedingt taggen, d.h. mit einem „@" vor dem Namen markieren. Dadurch sehen diejenigen im Bereich Aktivitäten, dass sie erwähnt wurden. Wenn Sie selten erwähnt werden, empfehle ich dafür eine Benachrichtigung einzustellen, damit Sie die Erwähnungen nicht übersehen und den Aktivitätenbereich nicht dauernd überprüfen müssen. Bei vielen Erwähnungen würde ich die Erinnerungsfunktionen eher deaktivieren. Analog zu E-Mails macht dann eine Block-Bearbeitung am Tagesende deutlich mehr Sinn.

▷ Wenn es darum geht, den Status von Projekten im Überblick zu behalten, kann ich Ihnen die Kanban-Board-Systematik sehr empfehlen. Die Idee stammt ursprünglich aus der Produktion. In einem Kanban-Board haben Sie in einer einfachsten Form drei Spalten: „Eingang", „In Arbeit" und „Erledigt". Aufgaben legen Sie als Karten innerhalb dieser Spalten an und schieben Sie quasi von links nach rechts durch das Board. Damit sieht jeder, welche Aufgabe gerade welchen Status hat –

auf einen Blick. Statt E-Mails oder Chat-Nachrichten können Sie jede Aufgaben-karte nun direkt kommentieren. Damit ist die Kommunikation zu einer Aufgabe immer da, wo Sie und die anderen im Arbeitsteam sie benötigen. Das Beste: Mit *MS Planner* gibt es bei Microsoft 365 ein Kanban-Board, das Sie einfach in *MS Teams* integrieren können und für das es auch eine Smartphone-App gibt. Wenn Sie kein M365 einsetzen, kann ich Ihnen *Trello* und *Meistertask* als Alternativen empfehlen.

  Einen komplettem Meistertask-Videokurs finden Sie hier.

Viele der Grundprinzipien in diesem Kapitel werden Sie in den weiteren Kapiteln dieses Buches wiederfinden. Ganz nach dem Motto: „Erst Hirn einschalten, dann Technik!" und „Technik einfach nutzen!"

Die Top-10-Tipps aus Kapitel 1

▷ Erst Hirn einschalten, dann Technik.
▷ Vereinbaren Sie im Arbeitsteam, mit welchen Systemen Sie wie kommunizieren.
▷ Testen Sie Systeme, bevor Sie sie einführen, und auch nochmals in regelmäßigen Abständen.
▷ Mit der „Eins minus zwei"-Regel misten Sie automatisch aus.
▷ Nutzen Sie einen Ordner „Warten" und einen „Wochentagsordner", mit denen Sie Ihre Wiedervorlage organisieren.
▷ Planen Sie täglich einen Arbeitsblock für das Abarbeiten von E-Mails und anderen Nachrichten ein, und stellen Sie Benachrichtigungen ab.
▷ *MS Teams* können Sie auch auf Ihrem Handy nutzen.
▷ Mit *WhatsApp for Business* können Sie WhatsApp auch dienstlich produktiver nutzen, von Privatem trennen und die Menge an Nachrichten eindämmen.
▷ Mit *Franz* können Sie alle Ihre Messenger-Dienste in einem Programm auf dem Rechner bündeln.
▷ Kanban-Tools – wie *MS Planner* – schaffen noch mehr Übersichtlichkeit und ersetzen E-Mails und Chatnachrichten.

2

Stimmen Sie Ihre Endgeräte aufeinander ab

Der PC und noch viel mehr?

Kennen Sie das noch? Sie saßen in einem Meeting und benötigten unbedingt eine Datei. Doch die war auf Ihrem PC, und der stand Stockwerke unter Ihnen auf Ihrem Schreibtisch, da kamen Sie gerade nicht heran. Natürlich wollten Sie sich vorher alles ausdrucken, was Sie benötigen würden, doch gerade bei dieser einen Datei gab es kein Papier mehr im Drucker und Sie hatten keine Zeit mehr, neues zu holen und nachzulegen.

Oder der Klassiker: Management-Meeting am Montagvormittag, und kurz vorher haben Sie noch einen Tippfehler in einer Ihrer Overhead-Folien entdeckt. Schnell noch zum Farbdrucker und die korrigierte Version neu ausdrucken. Wie oft war dann keine Folie da oder die Farbpatronen waren leer? Ich erinnere mich sogar an Meetings, bei denen ich kurz vorher mit einer Rasierklinge noch falsche Zahlen von Folien gekratzt und mit einem Folienstift neu geschrieben habe.

So ging es uns früher oft in Meetings. Zum Glück ist das alles Schnee von gestern, heute haben Sie ja Ihr Tablet und Ihr brandneues, topaktuelles Smartphone immer dabei, da kann so was nicht mehr passieren. Dachten Sie. Dummerweise hat die Firmen-IT Ihr iPad so eingerichtet, dass Sie nicht auf die Netzlaufwerke kommen, auf denen die gerade relevanten Dokumente stehen, und die Notiz, die Sie sich dazu gestern auf Ihrem Smartphone gemacht haben, nützt Ihnen auch gerade nichts, denn der Akku ist leer. Und der PC steht immer noch Stockwerke von Ihnen entfernt. Jetzt haben Sie so viele Geräte, und dennoch fehlt irgendwie immer genau das, was Sie gerade brauchen.

Zusätzlich zu stationären PCs werden immer mehr Tablets und Smartphones eingesetzt. Leider erhöhen die zusätzlichen Geräte meist eher die Komplexität, statt mobil produktiver zu machen. Wie geht es besser?

Die drei Hauptprobleme bei der Nutzung mehrerer Geräte und ihre Lösungen

In den nächsten Abschnitten sehen wir uns die drei folgenden Probleme an, die die meisten von uns bei der Arbeit mit verschiedenen Endgeräten treffen, genauer an:

1. Unsere Geräte sind für uns oft eher Statussymbol denn effektives Arbeitstool – da es immer das neueste Modell mit allen möglichen Features sein muss, sind wir oft meilenweit davon entfernt, alles auch optimal nutzen zu können.
2. Wenn wir mehrere Geräte nutzen, achten wir in der Regel nicht darauf, ob sie sich untereinander synchronisieren können – geschweige denn, ob das automatisch geschieht. Und dann geht das Kopieren und „händische" Abgleichen los.
3. Während für Ihren PC die Software noch datengeschützt und oftmals DSGVO-konform ist, gelten für Smartphones und Tablets kaum Einschränkungen: Hier sind die Tore oft weit offen, und die so wichtige Sicherheit Ihrer Daten steht auf dem Spiel.

Problem 1: Unsere Endgeräte sind eher Statussymbol statt Arbeitstool

Wie kommen Smartphones und Tablets in die Unternehmen? Man sollte meinen, durch strategische Entscheidungen und Auswahlprozesse. Meine Erfahrung sieht anders aus: Jeder muss heute das Neuste, Beste, Teuerste haben. „Mein Boot, mein Auto, mein Haus" war gestern – heute ist es: „Mein gerade erschienenes, richtig teures Smartphone bzw. Tablet." Wenn wir von unserem Arbeitgeber ein supertolles neues Apple-Smartphone als „Dienst-Handy" erhalten, punktet er damit genauso bei uns wie früher mit einem schicken Firmenwagen.

Klar, irgendwann war es uncool, auf dem Golfplatz mit dem Nokia-Handy aufzutauchen. Es musste das neueste iPhone sein, natürlich jedes Jahr das brandaktuelle Modell in Maximalausstattung. Aber brauchen wir das wirklich? Bereits 2014 war das iPhone 6 120 Millionen Mal schneller als der Bordcomputer, mit dem die Amerikaner 1969 auf den Mond geflogen sind. Und was machen wir mit unseren Smartphones? Fliegen wir damit zum Mond? In der Regel eher nicht. Die meisten nutzen es zum Telefonieren, zum Schreiben von WhatsApp-Nachrichten und zum Fotografieren – natürlich in der jeweils höchsten Auflösung, macht ja auch die besten Bilder. Da jedoch die wenigsten wissen, wie sie das Potenzial der mitgelieferten Kamera-App ausschöpfen können, ist da meist jede Menge ungenutzte Luft nach oben.

Unser Smartphone oder Tablet ist also heute weit mehr als nur reines Mittel zum Zweck: Es ist zum Statussymbol geworden. Wer heute mit dem Nokia-Handy telefoniert, ist entweder total „retro" oder völlig peinlich – obwohl den meisten von uns das alte gute Nokia oder ein Android-Handy der Galaxy-Klasse bestimmt ausreichen würde, um über die Runden zu kommen.

Aber natürlich ist ein iPhone ja auch schon rein optisch cooler als ein Android-Plastikbomber. Dabei haben Android-Smartphones in der Regel ein deutlich besseres Preis-Leistungsverhältnis als die Geräte aus Cupertino, aber wenn die Firma das Gerät zahlt, ist das ja nebensächlich.

Bei Tablets muss es natürlich das neueste iPad sein, aber dass Handbücher dazu noch gelesen oder die Einrichtung über ein Mobile-Device-Management-System professionell vorgenommen wird, ist eher die Ausnahme. Die Geräte sind doch selbsterklärend. Da muss man doch nur einfach wischen. Ja – zum Wischen brauche ich vielleicht kein Handbuch, aber zum produktiven Arbeiten mit Sicherheit schon.

Die Lösung ist natürlich ein Surface-Gerät von Microsoft. Das ist ja ein richtiger PC und gleichzeitig ein Tablet.

BEISPIEL. *Den Unterschied haben mir einmal zwei Brüder verdeutlicht, die in meinem iPad-Seminar für Steuerberatende waren. Das Seminar bestand aus zwei Tagen mit einigen Wochen Abstand dazwischen. Beim ersten Mal kam einer der beiden mit einem iPad Pro und der andere mit einem Microsoft Surface. Der Kommentar des Windows-Nutzers war: „Wenn dein iPad mal groß wird, wird es ein Surface." Seiner Meinung nach war das iPad ein überteuertes Spielzeug. Beim zweiten Termin kamen auf einmal beide mit einem iPad Pro. Ich konnte es mir natürlich nicht verkneifen nachzufragen, ob das Surface jetzt geschrumpft sei.*

Die Antwort fand ich sehr spannend: „Ich war in einem Beratungstermin und ging mit meinem Mandanten durch seine Betriebswirtschaftliche Auswertung (BWA). Der Mandant konnte einige Zahlen nicht erkennen und wollte die Auswertung mit zwei Fingern großziehen. Dabei kam er aber auf einige Menüpunkte des Windows-Programm und die Auswertung schloss sich. Beim zweiten Versuch stürzte das Surface sogar ab. Da habe ich den großen Charme des iPads im Beratungsgespräch verstanden. Ich bleibe im Büro beim PC, aber nutze in Beratungsgesprächen seitdem mein iPad."

Das deckt sich mit meiner Erfahrung: Kaum ein Gerät taugt als eierlegende Woll-milchsau für alle Anwendungszwecke. Sie werden wahrscheinlich auch eher selten mit Ihrem Tablet oder PC telefonieren – auch wenn das technisch möglich ist. Genauso machen große Excel-Tabellen auf Smartphones nur bedingt Sinn, weil der Bildschirm einfach zu klein ist. In Ihrem Werkzeugkasten haben Sie auch nicht nur einen Hammer, sondern in der Regel mehrere Werkzeuge für unterschiedliche Anfor-derungen.

Darüber hinaus macht uns Dogmatismus für oder gegen Geräte blind für eine objek-tive Bewertung der Stärken und Schwächen der jeweiligen Systeme. Die gängigen Systeme am Markt sind heute alle sehr leistungsfähig. Leider wird zu wenig Zeit dafür aufgebracht, das wirklich passende System auszuwählen und es dann optimal einzurichten. Wir fahren hier oft quasi mit „angezogener Handbremse" – so viel mehr wäre möglich, wenn wir uns nur damit befassen würden. Heute geht es eben in erster Linie nur darum, mit den anderen mithalten zu können und ein Status-symbol mit sich herumzutragen, statt ein Gerät auszuwählen, das wirklich die Anfor-derungen erfüllt, die wir an ein Arbeitsutensil stellen.

Problem 2: Es findet kein – automatischer – Datenabgleich statt

Bei der Einrichtung der Systeme wird häufig auf die Standard-Prozeduren zurück-gegriffen: anschalten, hochfahren und wird schon passen. Das passt in der Regel für den Privatgebrauch, aber selbst da geht in der Praxis mehr. Ich bin immer wieder erstaunt, dass es für viele Anwender noch nicht selbstverständlich ist, dass sie alle ihre Daten auf allen Geräten automatisch synchronisiert haben.

Natürlich haben Smartphone, Tablet und PC unterschiedliche Anwendungsbereiche, aber wenn ich mir die Daten zwischen den drei Systemen zusammensuchen muss, wird viel produktive Zeit verschenkt. Denn ich arbeite ja mit allen Geräten, teilweise am selben Projekt, nur an verschiedenen Locations: Smartphone-mobil auf die Schnelle in der S-Bahn, Tablet-mobil gemütlich im Café und am PC zu Hause oder im Büro. Teilweise kommt auch noch der Laptop ins Spiel – ich erlebe es sehr häufig, dass der stationäre Rechner auf dem Schreibtisch nicht durch ein Laptop ersetzt wird, sondern dass ein Laptop zusätzlich gekauft wird. Dann haben die Office-Worker sozusagen zwei PCs.

Das große Problem ist, dass die Daten auf unseren Geräten oft nicht automatisch abgeglichen werden. Das gibt dann ein ständiges Suchen und Hin- und Her-Kopieren von Dateien, es wird mit Sticks operiert und Dokumente werden zur Weiterbearbeitung per Mail an den eigenen PC geschickt. Das frisst unglaublich viel Zeit und ist eine große Fehlerquelle.

Natürlich gilt nicht für alle Anwendungen das responsive Design: Auf den Smartphones machen viele PC-Programme wegen der kleinen Bildschirme keinen Sinn – versuchen Sie mal Word auf Ihrem Smartphone zu nutzen. Das ist aber noch lange kein Grund, mit Apps zu arbeiten, die Ihre Daten nicht mit dem PC und dem Tablet abgleichen können. Leider wird bei der Auswahl der Programme eher auf die bunten Bilder im App-Store geschaut als auf die Beschreibung der Synchronisationsmöglichkeiten.

Auf den PCs wiederum wird auch nicht darauf geachtet, ob es zu den eingesetzten Programmen auch Apps gibt, mit denen die Daten automatisch abgeglichen werden können. Oft höre ich dann: „Doch, doch, kann man machen, da gibt es einen Datenexport und -import." Ja, aber wenn der nicht automatisch im Hintergrund funktioniert, wird er nie gemacht und die Daten laufen auseinander. Das ist wie mit Datensicherungen: Die einzigen Datensicherungen, die wirklich gemacht werden, sind die automatischen.

Und wenn die Systeme sich automatisch abgleichen, werden meist die proprietären Lösungen der Hersteller genutzt. Da wird dann beispielsweise das iCloud-Universum von Apple oder die Google-Services genutzt. Das funktioniert zum jeweils aktuellen Zeitpunkt meistens sogar hervorragend. Es gibt nur zwei Probleme dabei: Erstens, wenn Daten mit anderen ausgetauscht werden sollen, die nicht mit den gleichen Plattformen arbeiten. Zweitens, wenn man innerhalb des eigenen Setups auch Systeme anderer Hersteller mit integrieren möchte. iCloud-Service kann man beispielsweise durchaus auf Windows-Systemen einrichten, aber nicht voll funktional.

Darüber hinaus gibt es immer das Risiko, dass es Ihre Plattform übermorgen nicht mehr gibt. Wer sich beispielsweise auf die Blackberry-Services eingeschossen hatte, hat sich jetzt aus dem Spiel geschossen. Blackberry ist vom Markt verschwunden. Angenommen, Sie speichern alles in Ihrer Apple iCloud – wird es Apple in zehn Jahren noch geben? Zugegeben, die Wahrscheinlichkeit, dass Apple dann nicht mehr existiert, ist relativ gering, aber wenn ich Ihnen vor zehn Jahren gesagt hätte, dass es Blackberry nicht mehr geben wird, hätten Sie mir auch nicht geglaubt. Wichtig ist, sich nie auf eine Plattform zu verlassen, die vor allem nur herstellereigene Systeme unterstützt.

Problem 3: Wir schützen unsere Daten nicht adäquat

Ein weiterer Grund, weshalb ich die iCloud im Business-Bereich nicht als Haupt-Speichersystem empfehle, ist, dass sie – zur Zeit der Drucklegung dieses Buches – noch nicht DSGVO-konform sind.

> **STICHWORT „DSGVO"**. Die Datenschutz-Grundverordnung ist eine europäische Norm, die für alle europäischen Unternehmen gilt, die personenbezogene Daten sammeln, und die bestimmt, wie diese mit den Daten umgehen und sie verarbeiten dürfen.

Die iCloud-Services kommen aus dem Consumer-Bereich und sind also momentan nicht DSGVO-konform nutzbar. Damit können Unternehmen diese Services nur so weit verwenden, wie damit keine personenbezogenen Daten verarbeitet werden.

Dürfen Sie jetzt iCloud gar nicht mehr nutzen? Müssen Sie jetzt Ihre Lesezeichen-Synchronisation über iCloud deaktivieren? Nein, denn das sind keine personenbezogenen Daten, und damit entfällt das wichtigste Tatbestandsmerkmal der DSGVO. Oft wird beim Thema Datenschutz jedoch mit vorauseilendem Gehorsam weit über das Ziel hinausgeschossen. Natürlich ist der Schutz der Privatsphäre von Menschen ein hohes Gut, aber wenn Datenschutz übertrieben wird, wird er zum „Tatenschutz". Für viele IT-Abteilungen scheint es einfacher zu sein, sich auf den Datenschutz zu berufen, statt DSGVO-konforme Lösungen bereitzustellen.

Ich vergleiche die Server der IT gern mit den Mauern einer mittelalterlichen Burg: Die Zugbrücke ist immer oben. Da kommt nichts rein und nichts raus. Das Problem bei den Daten ist dann aber das gleiche wie bei der Burgbevölkerung: Wenn nichts rein- und rauskommt, verhungern sie irgendwann. Weil aber die Zugbrücke vorne immer zu ist, hat die Burgbevölkerung, die ja nicht verhungern will, am Hinterausgang eine Planke über den Burggraben gelegt, über die sie fleißig rein- und rausspaziert. Das passiert auch bei den Daten. Ist das im Interesse der Sicherheit aller? Mit Sicherheit nicht. In der Fachsprache nennt man das „Schatten-IT".

> **STICHWORT „Schatten-IT"**. Darunter versteht man Hard- oder Software, die von Mitarbeitenden einer Firma genutzt wird, ohne dass die IT-Abteilung darüber Bescheid weiß. Das kann natürlich zu riesigen Sicherheitslücken führen.

BEISPIEL. *Im Rahmen einer iPad-Einführung für den Außendienst eines Zustell-Fachgroßhändlers hatte ich mal eine intensive Diskussion mit der IT zum Thema „Zugriff auf Prospektmaterial". Ich schlug vor, dass die iPads automatisch mit dem jeweils aktuellen Prospektmaterial betankt werden sollten, die der Außendienst beim Kunden benötigt. Die IT wehrte dies zunächst aus Datenschutzgründen vehement ab. Doch erstens enthielten diese Prospekte keinerlei personenbezogene Daten, und zweitens standen die Prospekte ohnehin öffentlich auf der Internetseite des Unternehmens. Natürlich, und das wird oft mit Datenschutz verwechselt, mussten wir eine sichere Lösung für den Datenzugriff einrichten. Um bei dem Bild der Burg zu bleiben: Eine dauerhaft offene Zugbrücke ist auch keine Lösung. Aber eine kleine bewachte Stahltür neben der geschlossenen Zugbrücke sichert den selektiven Datenaustausch. In der Fachsprache heißt das dann „Portfreigabe mit einem Virtual Private Network (VPN)". Als ich die Lösung dann in den Außendienstschulungen vorstellte, kamen in allen Schulungen Kommentare wie „Klasse, jetzt brauche ich meine private Dropbox nicht mehr". Genau das waren die Planken auf der Rückseite der geschlossenen Burg.*

STICHWORT „VPN". Mit einem Virtual Private Network kann man auf externe Server zugreifen und dafür eine geschützte Internetverbindung nutzen, weil ein VPN-Server zwischengeschaltet ist. So kann man z.B. aus dem Homeoffice gefahrlos vertrauliche Daten in das und aus dem Netzwerk des Arbeitgebers up- und downloaden.

Datenschutz ist eine wichtige Leitplanke bei der Nutzung digitaler Systeme. Leider werden diese Leitplanken von der IT häufig quer auf der Straße auf- und ironischerweise sogar oft links und rechts abgebaut. So werden dann beispielsweise keine Datenzugriffe vom iPad auf Netzlaufwerke erlaubt, aber die User dürfen sich frei aus dem Apple-App-Store bedienen. Das ist dann ungefähr so, als würden Sie an Ihrem ersten Arbeitstag im Unternehmen einen frisch installierten PC bekommen, auf dem Sie zwar Ihr *Outlook* eingerichtet finden, aber keinen Zugriff auf die Netzlaufwerke des Unternehmens haben und Ihnen keine Programme für produktives Arbeiten vorinstalliert wurden. Auf Ihre Nachfrage sagt die IT Ihnen dann: „Och, installieren Sie sich einfach die Programme, die Sie im Internet finden."

Im PC-Bereich würde das wohl niemand so machen. Doch Tablets und Smartphones werden zu über 90 Prozent genau so in Unternehmen eingeführt – die User ziehen sich sorg- und wahllos ihre Programme aus dem Netz.

Nachdem wir die drei größten Probleme bei der Nutzung mehrerer Endgeräte untersucht haben, wenden wir uns auch natürlich hier deren Lösung zu – und selbstverständlich bekommen Sie im Anschluss dann wieder von mir die passenden Tools an die Hand.

Hier noch mal die Probleme im Überblick:

- ▸ Problem 1: Unsere Endgeräte sind eher Statussymbol statt Arbeitstool
- ▸ Problem 2: Es findet kein – automatischer – Datenabgleich ab
- ▸ Problem 3: Wir schützen unsere Daten nicht adäquat

Lösung für Problem 1: Führen Sie neue Geräte strategisch ein

Dürfen wir jetzt keinen Spaß mehr an neuen Geräten haben und diese ausprobieren? Doch, und der Spieltrieb ist auch ein Treiber für Innovationen, aber wenn Sie an die Strategy Map aus dem ersten Kapitel zurückdenken, verstehen Sie sicherlich, dass Systeme letztendlich strategisch im Unternehmen eingeführt werden sollten.

Der Startpunkt kann auch gern einmal eine neue Technologie sein. Ich experimentiere beispielsweise aktuell viel mit Virtual-Reality-Plattformen, um das Metaverse im wahrsten Sinne des Wortes zu begreifen. Manchmal ist das der richtige Weg. Immer aber mit der anschließenden Frage: „Wozu?"

In Unternehmen sollten digitale Systeme idealerweise bei zwei Themen helfen: erstens, um das Kundenerlebnis zu verbessern und damit bestehende und potenzielle neue Kunden für mehr profitablen Umsatz zu gewinnen. Und zweitens, um Prozesse mit weniger Ressourcenverbrauch bereitzustellen. Das bedeutet, dass digitale Systeme dann Sinn machen, wenn wir mit ihnen unsere Kunden begeistern können und/ oder damit produktiver werden. Wenn ein System auf keines dieser beiden Systeme einzahlt, führen Sie es nicht ein. Es muss also nicht immer das allerneuste Modell mit der superauflösenden Kamera sein ...

Wenn einige Ihrer Mitarbeitenden beispielsweise einen reinen Bürojob haben (also nicht im Außendienst oder auf Dienstreisen sind) und auch in ihrer Freizeit dienstlich nicht erreichbar sein müssen, brauchen sie kein Diensthandy. Natürlich ist ein Diensthandy heute oft ein Bestandteil eines attraktiven Gesamtpakets, aber häufig eben auch ein Statussymbol, wie ein Dienstwagen. Prüfen Sie immer, wer welche Systeme wirklich benötigt, denn sonst erhöhen Sie oft unnötig die Komplexität.

Wenn Sie neue Geräte bzw. Systeme einführen, machen Sie auch immer klar, welche alten Systeme Sie damit ablösen. Wir führen viel zu oft weitere Systeme ein, ohne alte Systeme abzuklemmen.

> **BEISPIEL.** *Bei Coca-Cola wurden beispielsweise iPads im Außendienst eingeführt. Der Außendienst war total begeistert ... bis wir ihnen sagten, dass wir in drei Monaten die bisherigen Laptops einsammeln werden. „Ohne meinen Laptop kann ich nicht arbeiten", kam sehr häufig als Einwand. Zum Glück hat der damalige Deutschland-Chef von Coca-Cola genau die richtige Frage gestellt: „Verkaufst du eine Kiste Cola mehr, wenn du diese Excel-Tabelle ausfüllst?" Hier wurde die iPad-Einführung unter anderem dazu genutzt, um bestehende Prozesse auszumisten.*

Das Einführen eines neuen Systems ist eine Riesenchance für produktive Digitalisierung. Statt Formulare 1:1 digital nachzubilden, sollten Sie sich immer fragen: „Brauchen wir das Formular überhaupt und wenn ja, welche Felder davon?"

Alte Systeme sollten nach einer sinnvollen Übergangszeit nach Möglichkeit abgeklemmt werden, und wenn Sie mit einem neuen System mehrere Systeme ersetzen können ... umso besser. Vielleicht ist es bei Ihnen ja auch sinnvoll, bisherige stationäre PCs und Tablets durch leistungsfähige Ultrabooks zu ersetzen. Wichtig ist nur: Testen Sie neue Systeme mit Key-Usern, bevor Sie den Verlockungen der Marketing-Versprechen erliegen. Relevant sind immer die Praxisanforderungen in Ihrem Unternehmen, und am besten können das die Menschen beurteilen, die mit diesen Systemen täglich arbeiten werden. Wenn Sie diese Mitarbeitenden aktiv einbeziehen, haben Sie auch eine ganz andere positive Akzeptanz neuer Systeme, wenn Sie sie nach den Tests einführen.

Wenn Sie in einem Bereich arbeiten, in dem Sie wirklich immer die neuesten, leistungsfähigsten Geräte benötigen, kann Miete eine sinnvolle Option sein. Bei Grover können Sie beispielsweise aktuelle Notebooks bereits ab 80 Euro monatlich (Stand September 2023) mieten. Damit können Sie auch kurzfristige Bedarfe schnell decken und flexibel in beide Richtungen skalieren.

Lösung für Problem 2: Halten Sie Ihre Systeme automatisch synchron

Spätestens wenn Sie sich ein neues System anschaffen, stellt sich die Frage, wie Sie die Daten vom alten auf das neue System bekommen. Wenn Sie den Systemwechsel planen und das alte System noch griffbereit haben, ist das für die meisten noch handhabbar. Schwierig wird es für viele, wenn ein System abhandenkommt, sprich, kaputt oder verloren geht. Spätestens jetzt zahlt es sich aus, wenn man seine Dateien nie nur auf den jeweiligen Endgeräten abgespeichert hat. Denn wenn die Daten immer automatisch über einen Cloud-Dienst oder über einen eigenen Server synchron gehalten werden, sind sie immer wiederherstellbar.

Häufig höre ich auf Konferenzen dazu auch den Vorschlag, remote auf virtuelle Maschinen zuzugreifen – dann sei es doch ganz egal, mit welchen Endgeräten man arbeite. Das macht aus meiner Sicht nur dann Sinn, wenn Sie ausschließlich auf PCs oder Macs mit großen Bildschirmen und in Situationen mit stationärem stabilem Internet arbeiten. Zum einen macht spätestens auf einem Smartphone die Bedienung von PC-Lösungen keinen Spaß mehr, und wenn Sie kein oder ein sehr langsames Internet haben, sind Sie immer nur zweiter Sieger. Von daher würde ich diese Lösung immer als Notlösung vorsehen, wenn Sie mal von unterwegs aus mit einem Windows-Programm arbeiten müssen, für das es keine App-Lösung gibt. Sonst sollten Sie eher darauf achten, dass alle Programme und Apps auf all Ihren Systemen auf die gleichen Daten zugreifen können.

Das fängt schon mit *Outlook* an. Natürlich können Sie auch vom iPad aus per Fernzugriff mit dem PC-*Outlook* arbeiten, aber mit der nativen E-Mail-App der Smartphones und Tablets macht das in der Praxis zumeist mehr Sinn.

CHECKLISTE.
Welche Daten Sie automatisch synchron zwischen Ihren Systemen halten sollten:

▷ *Outlook*-Daten, also E-Mails, Termine, Kontakte, Aufgaben und Textnotizen,
▷ Dateien über eigene Server oder Clouddienste wie *Dropbox* oder *OneDrive*,
▷ Notizen über Systeme wie *Evernote*, *Notion* oder *OneNote*,
▷ Internet-Lesezeichen über die iCloud, *Chrome* oder *Raindrop.io*,
▷ Musik,
▷ Fotos und
▷ abonnierte Infodienste wie RSS-Feeds.

In der Praxis gibt es keinen Dienst, mit dem Sie alle diese Daten über einen plattformübergreifenden Dienst synchron halten können. Von daher ist in der Regel eine Kombination aus verschiedenen Synchronisationswegen sinnvoll.

Oft sind übrigens bereits einige Synchronisierungsdienste bei Ihnen im Einsatz oder Sie zahlen bereits dafür, ohne sie zu nutzen. So sind in Microsoft 365 beispielsweise nicht nur *MS Teams* und die Office-Programme enthalten, sondern auch *Exchange* für die Synchronisation Ihrer *Outlook*-Daten. Darüber hinaus können Sie mit M365 Ihre Notizen mit *OneNote* und Ihre Dateien mit *OneDrive* zwischen allen Systemen automatisch abgleichen.

In der Apple-Welt sind viele iCloud-Services bereits vorkonfiguriert und können z. B. für die Foto- und Musiksynchronisation mit *Exchange* kombiniert werden.

Wenn Sie Android-Systeme haben, sind in der Regel die Google-Services bereits vorinstalliert, mit denen Sie eine Exchange-Alternative haben und beispielsweise auch einfach Kalender im Team freigeben können.

Wichtig ist, dass Sie für sich und Ihr Team ein passendes Gesamtsystem von Synchronisations-Services bauen, mit dem jeder im Team auf alle Informationen zugreifen kann, wann und wo sie gebraucht werden.

Lösung für Problem 3: Greifen Sie auch unterwegs sicher auf Ihre Daten zu

Gerade unterwegs leiden wir unter der „hochgezogenen Zugbrücke" und „verhungern" wie die Burgbewohner oft datentechnisch, weil wir mit unseren mobilen Systemen keinen Zugriff auf unsere Daten haben. Das ist auf der einen Seite natürlich gut so, denn so sind die Daten ja sicher und geschützt. Und natürlich könnten wir, bevor wir das Büro verlassen, noch Dateien zwischen den Systemen kopieren. Das ist aber wie bei Datensicherungen: Meistens vergisst man das Kopieren, und es fällt einem erst ein, wenn man es braucht. Diese Lösung ist auch eine 1:1-Digital-Umsetzung des Papierausdrucks und für mich keine wirklich sinnvolle Alternative. Viel sinnvoller sind Systeme, die auch außerhalb des Firmennetzwerks einen sicheren Zugriff auf alle Synchronisationsservices zulassen.

Die IT weist zu Recht meist auf die Sicherheitsrisiken von externen Datenzugriffen hin. In einer Organisation, in der alle ausschließlich im Büro arbeiten, sind externe Datenzugriffe auch nicht erforderlich. Die heutige Arbeitsrealität sieht jedoch meist anders aus. Selbst frühere Bürojobs werden heute zum Teil remote aus dem Homeoffice erledigt. Daran muss sich die IT-Infrastruktur anpassen.

Ein Denkansatz dazu ist „Bring-Your-Own-Device" (BYOD). Ich werde oft gefragt, was ich von diesem Konzept halte. Meine Kurzantwort: „Nix!" Weshalb? Auf die

Konfiguration und die Sicherheitsmaßnahmen der Geräte der Mitarbeitenden haben Sie im Regelfall keinen Einfluss. Darüber hinaus sind die Geräte im juristischen Eigentum der Mitarbeitenden. Spätestens der Betriebsrat findet es dann nicht mehr witzig, wenn Sie Daten, die auf den Geräten gespeichert sind, stichprobenartig auslesen wollen. Ich bin deshalb eher ein Freund der kontrollierten Privatnutzung. Das ist analog zum Firmenwagen. Er ist vor allem dienstlich zu nutzen und kann so weit privat genutzt werden, wie die dienstlichen Belange nicht gefährdet werden. Hier ist eine klare Kommunikation mit den Mitarbeitenden wichtig.

Auf Dienstgeräten sollte der externe Datenzugriff über VPN-Dienste gesichert werden. Wichtig ist hierbei, dass die VPN-Verbindungstoleranz so eingestellt wird, dass die Verbindung nicht dauernd abbricht. In den meisten Systemen kann man VPN-Clients so konfigurieren, dass die VPN-Verbindung mit einer Toleranz von bis zu 20 Minuten automatisch im Hintergrund wieder aufgebaut wird, solange sich der Anwender nicht abmeldet.

Einige Systeme von Rechenzentralen bieten auch eine versteckte Art der Synchronisation für unterwegs an. So bietet beispielsweise *agree21Doksharing* der Atruvia bei Volks- und Raiffeisenbanken eine WebDAV-Synchronisationsschnittstelle an. Hierüber können Sie sogar Notizen aus iPad-Notizen-Apps als PDF-Dateien in Datenräume sichern. Auch ein Zugriff auf das Dateisystem ist sogar mittlerweile im Atruvia-Umfeld möglich. Meist geht in der Praxis mehr, als man denkt.

Oft sind diese Lösungen für Migrationen von eigenen Servern auf cloudbasierte Rechenzentrumslösungen gedacht. So kann zum Beispiel im Rahmen einer Umstellung von eigenen Kanzleiservern auf DATEV-ASP der alte Server in der Kanzlei verbleiben und dessen Laufwerke in die ASP-Umgebung integriert werden.

STICHWORT „ASP". ASPs sind Application Service Provider, also Unternehmen, die Servicedienstleistungen und Softwareanwendungen gegen Bezahlung über das Internet zur Verfügung stellen.

Der Fachbegriff für Ihren DATEV-Systempartner ist „Mappen". Auf die Laufwerke in der ASP-Umgebung kann man aus Sicherheitsgründen nicht mit einem iPad von außen zugreifen. Sie können aber mit einem iPad auf Ihren alten Server in Ihrer Kanzlei zugreifen. Wenn Sie dessen Laufwerke in der ASP-Umgebung gemappt haben, schließt sich der Kreis. Solche Lösungen sind häufig auch in anderen Rechenzentrumsumgebungen möglich, wenn man in der IT nachfragt. Diese Lösungen sind in der Regel kein Ersatz für zentrale Speichersysteme, sind aber gute Transportlösungen für unterwegs. Wichtig ist es, auch immer zwischen Sicherheitsrisiko und Produktivitätsvorteil ehrlich abzuwägen.

Tipps und Tricks für die effiziente Nutzung mehrerer Endgeräte

Mit welchen Systemen sollten Sie unterwegs am besten arbeiten, welche Clouddienste am besten nutzen? Und wie synchronisieren Sie Ihre Geräte am besten offline? Das verrate ich Ihnen jetzt.

Meine Tipps für Tablet- und Smartphone-Betriebssysteme

Welches Betriebssystem Sie nutzen, hängt vor allem von Ihren Anforderungen ab und kann sich sogar innerhalb eines Teams unterscheiden. Von daher gibt es nicht *das* perfekte Betriebssystem. Es gibt nur das passendste System für das jeweilige Teammitglied.

Beim Vergleich der Betriebssysteme fange ich gern klein an – bei den **Smartwatches**. Die meisten Apps und das beste Zusammenspiel mit dem iPhone hat die Apple Watch. Hier reicht übrigens das kleinste Modell, die „Apple Watch SE", für die meisten Anwender völlig. Wenn Sie auf eine besonders hohe Akkuleistung angewiesen sind oder Android-Smartphones im Einsatz haben, empfehle ich eher die Samsung Smartwatches. Für Ausdauersportler empfehle ich sogar die Spezialuhren von Garmin. Die Apple Watch hat mittlerweile aber sogar einen guten Batteriesparmodus und eine leistungsfähige Fitness-App. Von daher brauchen Sie die Spezialisten immer weniger.

Bei **Smartphones** ist meine Empfehlung eher Android. Natürlich sind die neuesten iPhones großartige Geräte, und das Design und die Bedienbarkeit sind top. Wenn ich mir jedoch ansehe, was die meisten Anwender mit dem iPhone machen, würde dafür auch ein Android-Smartphone für 80 Euro völlig ausreichen. Wenn man sich auf der anderen Seite die Top-Geräte der Anbieter ansieht, gibt es deutlich leistungsfähigere Geräte als das iPhone in der Android-Welt. Wenn Sie ein iPad haben und Apps nutzen, die es nur in der Apple-Welt gibt, macht ein iPhone natürlich mehr Sinn. Meistens reicht aber ein iPhone SE als Gerät völlig. Das Betriebssystem ist ohnehin bei allen iPhones gleich.

 Hier geht es zu einem iPhone-Videogrundkurs.

Bei **Tablets** sieht die Welt etwas anders aus. Im Android-Bereich sind die wenigsten Anwender bereit, für gute Apps auch Geld zu bezahlen. Das ist in der Apple-Welt ganz anders. Apple macht über 80 Prozent des Gewinns in diesem Bereich. Da die Entwickler 70 Prozent dieses Gewinns erhalten, gibt es auch immer mehr Entwickler, die deshalb ihre Apps nur noch für die Apple-Plattformen entwickeln. Geiz ist eben nicht geil, sondern reduziert auf Dauer das Angebot.

 Hier geht es zu einem iPad-Videogrundkurs.

Darüber hinaus hat Apple mittlerweile auch im Einstiegsbereich hervorragende iPads. Selbst das kleinste iPad hat inzwischen einen optionalen Apple Pencil und 5G und reicht für die meisten Anwendung mehr als aus. Darüber hinaus stellt Apple ca. sechs Jahre lang Updates für seine Geräte zur Verfügung. In der Android-Welt sind das oft nur zwei Jahre. Somit sind die Apple-Geräte im Unternehmensumfeld auch deutlich länger nutzbar.

 Hier finden Sie eine Übersicht über die aktuell verfügbaren iPad-Modelle im Vergleich.

Der Windows-App-Store hat einen Marktanteil von unter 1 Prozent. Von daher machen Windows-Tablets auch keinen Sinn als Tablet-Alternative zum iPad. Sie können natürlich auf den Windowssystemen Windowsprogramme laufen lassen, aber die sind für große Bildschirme und Mausbedienung optimiert. Nicht für die Bedienung per Finger-Touch-Gesten. Von daher empfehle ich häufig folgende Kombination:

▶ Ein Android-Smartphone oder ein iPhone SE,
▷ ein iPad Air, wenn der Bildschirm nicht zu groß sein muss, sonst das iPad Pro mit dem größten Bildschirm, und
▷ ein Windows-Ultrabook mit integrierter SIM-Karte, integriertem HDMI-Anschluss und USB-3-Anschlüssen.

Das **Notebook** können Sie im Büro mit einem externen Monitor, einer größeren Tastatur und einer Maus koppeln. Ich empfehle die MX Keys und die MX Maus von Logitech. Beide Geräte sind so umschaltbar, dass Sie sie für PC, Tablet und Smartphone nutzen können. Bei Android-Smartphones von Samsung haben Sie mit Samsung DEX sogar eine komplette Desktop-Oberfläche, wenn Sie Ihr Smartphone an einen externen Monitor anschließen. Im Regierungsbereich in Deutschland ist das für einige Beamte sogar ihr einziges Arbeitsgerät – mit Aufschaltung auf virtuelle Systeme. Ein weiteres Argument für Android-Smartphones.

Meine Tipps für Cloud-Systeme

„Cloud heißt Cloud, weil sie Daten klaut!", behaupten zumindest böse Zungen. Wie bei der Geräteauswahl plädiere ich auch hier für Pragmatismus statt Dogmatik. So wenig, wie es das perfekte Gerät gibt, gibt es auch die perfekte Cloud. Daher ist es wichtig, dass Sie die Auswahl anhand objektiver Kriterien treffen.

CHECKLISTE.
Hier die aus meiner Sicht wichtigsten Kriterien für die Auswahl von Cloud-Systemen:

▷ Ist die Cloud auf allen Geräten, die bei Ihnen im Einsatz sind, nutzbar?
▷ Ist der Cloud-Anbieter seriös?
▷ Ist der Cloud-Anbieter zukunftssicher, d. h., werden Sie voraussichtlich dauerhaft mit dieser Cloud arbeiten können?
▷ Ist die Cloud performant?
▷ Können mit der Cloud Dateien intern und extern freigegeben werden?

- Können mit der Cloud Dateien auch gemeinsam bearbeitet werden – idealerweise sogar gleichzeitig?
- Hat der Cloud-Anbieter Serverstandorte in Deutschland oder in Ländern, in denen das Datenschutz- und Datensicherheitsniveau hoch und die Einhaltung der DSGVO sichergestellt ist?
- Nutzen Ihre Geschäftspartner, mit denen Sie Daten austauschen, idealerweise auch zum Großteil diese Cloud?
- Können auch große Dateien synchron gehalten werden?
- Kommt die Cloud auch mit langen Dateinamen, langen Verzeichnisbäumen und Sonderzeichen zurecht?
- Bietet die Cloud eine stabile Offline-Synchronisation an?
- Bietet die Cloud Schnittstellen über WebDAV oder SMB an, um Apps, wie die Notizenapp *Notability*, anzubinden, die diese Synchronisationsschnittstelle implementiert haben?
- Bietet die Cloud gute Integrationen in die Kollaborationslösungen, die Sie im Einsatz haben (wie MS Teams)?

Aktuell erfüllen aus meiner Sicht vor allem folgende drei Cloud-Systeme die obigen Bedingungen:

- *OneDrive* – vor allem als Bestandteil von Microsoft 365,
- *Dropbox für Business* mit Serverstandort in Deutschland und
- *NextCloud.*

OneDrive war in der Vergangenheit nicht besonders leistungsstark im Umgang mit Sonderzeichen und langen Dateinamen. Gerade bei der Migration von großen Datenbeständen machte das in der Vergangenheit oft Probleme, ebenso wie die Offline-Synchronisation. Mittlerweile sind diese Probleme jedoch beseitigt. Darüber hinaus hat *OneDrive* eine hervorragende Integration in *MS Teams*. Datei-Tabs in *MS Teams* können Sie über die integrierte Synchronisationsfunktion automatisch in Ihren Windows-Dateimanager oder Ihren Mac-Finder integrieren und Sie haben auch auf Smartphones und Tablets damit immer Zugriff auf gemeinsam genutzte Dateien.

Microsoft ist ein US-amerikanisches Unternehmen, aber seit 2022 können Sie bei der Neuanlage von M365 entscheiden, wo Ihre Daten liegen sollen. Somit können Sie auch den Serverstandort Deutschland auswählen.

Bei **Dropbox** mag der eine oder die andere erst einmal den Kopf geschüttelt haben. Für mich ein wunderbares Beispiel für „Tatenschutz": *Dropbox* ist DSGVO-konform nutzbar, und ab 30 Lizenzen können Sie *Dropbox* for Business buchen. Damit haben Sie die Server sogar in Deutschland liegen. Ende 2022 hat *Dropbox* darüber hinaus die Firma *Boxcryptor* übernommen. Das ist eine hervorragende Verschlüsselungs-lösung für Dateien. Schade ist, dass Sie dadurch *Boxcryptor* nicht mehr neu einzeln buchen können. Toll ist, dass *Dropbox* diese Sicherheitstechnologie in seine Systeme mit integriert. Die Performance von *Dropbox* war schon immer unerreicht. Jetzt wird *Dropbox* auch noch einmal sicherer.

NextCloud ist vom Grundsatz her eine Cloud-Lösung, die Sie auf Ihrem eigenen Server hosten können. Vielleicht haben Sie auch schon einmal von „OwnCloud" gehört. Beide Systeme gibt es noch. Der Gründer von *OwnCloud* hat sich mit seinem Team vor ein paar Jahren zerstritten und daraufhin *OwnCloud* als *NextCloud* quasi noch einmal gegründet. Fachleute bestätigen meine Meinung, dass *NextCloud* noch etwas leistungsfähiger ist als *OwnCloud*. Von daher sollten Sie *NextCloud* wählen. Da Sie *NextCloud* auf einem eigenen Server betreiben können, ist dieses System auch für diejenigen unter Ihnen geeignet, die lieber mit eigenen Servern arbeiten wollen. Denken Sie dann nur bitte daran, dass Sie Ihre eigenen Server genauso gut gegen Cyberattacken absichern, wie das die großen Cloudanbieter tun. *NextCloud* wird mittlerweile auch von einigen deutschen IT-Dienstleistern auf deren Servern angeboten. Das kann auch eine Option sein, gerade wenn Sie bereits mit einem dieser Dienstleister arbeiten. Auch bei *NextCloud* gibt es Apps für alle Plattformen und einen App-Zugriff für WebDAV.

  Wie *NextCloud* funktioniert, sehen Sie in diesem Video.

Selbstverständlich gibt es neben den beschriebenen Cloud-Anbietern noch viele weitere. Wichtig ist, dass Sie diese anhand der obigen Entscheidungskriterien für sich bewerten. Mein aktueller Favorit auf dieser Basis ist *OneDrive* als Teil von Microsoft 365.

Tipps und Tricks für die Offline-Synchronisation

Über Cloud-Dienste oder über einen eigenen Server können Sie Ihre Daten immer auf allen Geräten synchron halten. So weit, so gut – wenn Sie online sind. Wenn Ihre Internetverbindung langsam ist oder Sie offline sind, macht reines Online-Arbeiten

STIMMEN SIE IHRE ENDGERÄTE AUFEINANDER AB

keinen Sinn mehr. In dem Moment, wo Sie regelmäßig außerhalb eines festen Büros arbeiten, sollten Sie nicht nur darauf achten, dass Sie alle Daten auch auf Ihren mobilen Endgeräten dabeihaben, sondern auch, dass diese auch dann auf Ihren Geräten verfügbar sind, wenn Sie offline sind.

Die gute Nachricht: Alle führenden Cloud-Lösungen bieten diese Möglichkeit, und das sogar auf allen Geräten.

In der Regel finden Sie, wenn Sie hinter Ordnern auf die „drei Punkte" oder mit der rechten Maustaste auf einen Ordner gehen, die Befehle für die Offline-Synchronisation. In der Regel heißen diese „Nur online behalten", „Immer auf diesem Gerät behalten" bzw. „Speicherplatz freigeben". Damit können Sie sogar auf PCs und Macs entscheiden, welche Dateien Sie von gemeinsamen Netzlaufwerken oder MS Teams-Dateibereichen auch offline auf Ihrem Laptop haben wollen. In *MS Teams*, wo Sie im Regelfall keinen Zugriff auf die Dateien benötigen, können Sie diese Dateien auch auf dem Notebook im reinen Online-Zugriff lassen und Ihre Festplatte und Ihre Datenverbindung nicht unnötig blockieren. Sollte Festplattenplatz bei Ihnen keine Rolle spielen, können Sie generell im Offline-Modus bleiben.

Auch wenn Sie Ihre Dateien und E-Mail offline synchronisieren, werden diese weiterhin immer automatisch mit dem Server synchronisiert, wenn das jeweilige Gerät eine Internetverbindung hat. Deshalb empfehle ich auch, immer iPads mit SIM-Karte zu beschaffen. Dann müssen Sie nicht daran denken, wieder manuell eine Internetverbindung aufzubauen. In dem Moment, wo Ihr iPad eine Internetverbindung hat, fängt es automatisch an zu synchronisieren. Das funktioniert in das Praxis ganz hervorragend.

  In diesem Video sehen Sie, wie die Offline-Synchronisation mit *OneDrive* funktioniert.

Häufig höre ich, dass man ja auch einfach einen Hotspot mit dem Handy aufmachen kann. Ja, nur erstens müssen Sie daran denken, und zweitens entleert sich damit der Handyakku wie im Flug. Wenn Sie keine SIM-Karte im iPad haben und vielleicht auch keine SIM-Karte in Ihrem Notebook, empfehle ich Ihnen den Kauf eines kompakten Mobilfunkrouters. Ich nutze den *Netgear Nighthawk 5G*. Mit diesem können Sie alle Ihre Geräte unterwegs ins Internet bringen, und meist haben Sie damit sogar einen besseren Empfang als mit dem Smartphone-Hotspot. Mit einem Mobilfunkrouter setzen Sie sich auch nicht den Sicherheitsrisiken unbekannter WLANs aus, denn jeder, der Ihnen ein WLAN zur Verfügung stellt, hat technisch die Möglichkeit, Ihren Datenverkehr mitzuschneiden. Sie müssen jetzt nicht übervorsichtig werden, sollten beim Thema „Cybersecurity" aber durchaus sensibel sein. Eine Blickschutzfolie gibt es übrigens auch nicht nur für Notebooks, sondern auch für iPads. HP hat sogar Notebooks, bei denen Sie einen elektronischen Blickschutz für den Bildschirm per Funktionstaste aktivieren und deaktivieren können.

Wenn Sie wie ich viel unterwegs mobil sind, empfehle ich Ihnen außerdem eine Mobilfunk-Flatrate mit Multi-SIM. Ich habe beispielsweise die größte All-Net-Flat der Telekom mit drei SIM-Karten: eine ist im Handy, eine im iPad und eine in meinem Mobilfunkrouter.

Die Top-10-Tipps aus Kapitel 2

▷ Wenn Sie sich ein neues System kaufen, fragen Sie sich immer: Welches System löse ich damit ab? Am besten gleich zwei.

▷ Wenn Sie jedes Jahr ein neues Gerät haben wollen, ist Mieten über Grover vielleicht eine gute Option für Sie.

▷ Es gibt kein perfektes Betriebssystem: Weder „Hater" noch „Fanboy" zu sein, bringt Sie weiter.

▷ Speichern Sie Daten nie ausschließlich auf Endgeräten. Damit haben Sie auch gleich eine automatische Datensicherung.

▷ Nutzen Sie immer Lösungen, bei denen Sie auf jedem Ihrer Endgeräte Daten eingeben und abrufen können.

▷ Nutzen Sie immer plattformübergreifende Systeme, damit Sie auch in Zukunft einfach umsteigen können.

▷ Prüfen Sie, welche Lösungen Sie vielleicht bereits schon bezahlen, bevor Sie neue einführen.

▷ Richten sie sich auch Datenzugriffe von unterwegs aus ein und sichern Sie diese über VPN und Verschlüsselungslösungen.

▷ Kaufen Sie in der Regel nicht das teuerste Smartphone oder Tablet. Meistens reicht sogar das Einstiegsgerät.

▷ Richten Sie sich Ihre mobilen Endgeräte immer so ein, dass Ihre Daten immer offline auf dem Gerät liegen und automatisch mit den anderen Geräten abgeglichen werden.

Machen Sie sich effektiv digital Notizen

Digitale statt analoge Suche nach Notizzetteln?

Kennen Sie das? Immer wenn Ihnen etwas einfällt, das Sie nicht wieder vergessen wollen, suchen Sie in aller Eile einen Schmierzettel, auf dem Sie sich das Wichtige notieren können: „Juhu, jetzt hab ich es schwarz auf weiß!" Wenn Sie diese Notiz dann wieder benötigen, geht die Suche erneut los: „Wo ist nur dieser Zettel geblieben?" Da werden dann Jackentaschen, Schubladen und Autos durchsucht. Natürlich liegt der Zettel zu Hause, wenn man im Büro ist, und im Büro, wenn man ihn zu Hause braucht. Deshalb sind Sie mittlerweile auf ein Notizheft umgestiegen, das Sie immer in der Tasche haben. Blöd nur, dass Ihre Assistenz nun immer wieder nachfragen muss, was Sie sich denn im letzten Meeting notiert haben.

Dank Ihres iPad ist das zum Glück Geschichte. Jetzt haben Sie alles elektronisch dabei ... wenn Sie Ihr Tablet dabeihaben. Vor Kurzem startete Ihr Tablet nicht wie sonst, und da wurde Ihnen schon etwas mulmig: „Was, wenn die Notizen auf einmal alle weg sind? Die hab ich ja nur auf dem Tablet." Und dann überlegen Sie, ob Sie Ihre Notizen künftig nicht doch auch aufs Smartphone und vor allem auch auf den Firmenrechner kopieren sollten. Aber da blockt dann wohl die IT ...

Solche Situationen werden mir von meinen Kunden häufig geschildert. Das Papiernotizchaos scheint beseitigt, aber so richtig klappt das mit der digitalen Notizlösung noch nicht. Deshalb wird dann doch auch immer wieder auf Papiernotizen zurückgegriffen. Gerade wenn es mal schnell gehen muss.

Neben der Tatsache, dass die Papiernotizzettel oder Haftnotizen die Angewohnheit haben, auf mysteriöse Art und Weise zu verschwinden und erst dann wieder aufzutauchen, wenn sie nicht mehr benötig werden („Ach, hier ist der Zettel, im Kühlschrank unter der Butter!"), werden sie auch oft übersehen und landen ungewollt im Altpapier („Ich dachte, das wär nur Kritzelei. Ich wusste nicht, dass du da deine Ideen für den Workshop draufgeschrieben hast. Sorry ..."). Hinzu kommt, dass der Datenschutz dabei leicht auf der Strecke bleibt: „Erika, deine Notizen für deine Gehaltsverhandlung mit dem Chef lagen auf dem Boden, das war wohl der Wind, ich hab sie dir auf den Schreibtisch gelegt."

Es spricht also einiges für die digitale Notiz. Doch auch hier ist es wie so oft eine Frage der richtigen Umsetzung. Gerade Notizen sind für mich ein sehr schönes Beispiel für oft falsch verstandene Digitalisierung: Der Papierblock wird zwar

MACHEN SIE SICH EFFEKTIV DIGITAL NOTIZEN

modern und komfortabel durch eine digitale Notiz-App ersetzt, doch meist ist das dann eine Insellösung, bei der weder der Einzelne noch das Team strukturierten Zugriff auf die Notizen haben, und wenn das Smartphone oder Tablet mal weg sein sollte – verlegt oder kaputt – oder man den Text aus Versehen „wegwischt", sind auch die Notizen weg.

Die drei Hauptprobleme der digitalen Notizen und ihre Lösungen

Die Grundidee, Ihre Papiernotizen zu digitalisieren, ist gut: Damit können Sie Ihre Notizen auf allen Systemen immer verfügbar haben. Darüber hinaus können auch andere im Team, die Zugriff auf diese Informationen brauchen, darauf zugreifen. Dieses Potenzial wird jedoch in den wenigsten Fällen genutzt. Stattdessen wird das Papiernotizbuch mit der erstbesten Notizen-App auf dem Tablet ersetzt: am einfachsten gleich mit der mitgelieferten vorinstallierten App.

In diesem Kapitel gehen wir den folgenden drei Hauptproblemen im Zusammenhang mit digitalen Notizen auf den Grund:

1. Die auf digitalen Geräten erfassten „händischen" Notizen lassen sich hinterher oft nur schwer entziffern oder nur schwer einzutippen.
2. Einmal auf einem Endgerät erfasst, heißt das noch lange nicht, dass sie auch auf andere Geräte übertragbar sind.
3. Und dass andere Berechtigte darauf zugreifen können.

Problem 1: Wir erfassen unsere Digitalnotizen unleserlich oder zu langsam

Auf dem iPad gibt es eine tolle Notizen-App. Da kann man ja sogar mit dem Apple Pencil handschriftliche Notizen machen. Eigentlich super: Wenn Sie ein iPhone haben, sehen Sie diese Notizen sogar meistens auch gleich dort. Spätestens beim Firmen-PC mit Windows ist dann aber Schluss. Die tollen Zeichnungen kommen jedoch nur durch das E-Mailen einzelner Notizen auf den PC.

Und hier liegt der Denkfehler: Ein Papiernotizbuch lässt sich nicht einfach 1:1 gegen eine Notizen-App austauschen. Anfangs glaubt man noch, das sei doch das Gleiche und der Umstieg sei einfach. Bei den ersten Versionen des iPad-Betriebssystems sah die Notizen-App sogar optisch aus wie Ihr altes Papiernotizbuch, sodass jeder glücklich seufzte: „Das ist doch so schön praktisch, diese schöne neue digitale Welt!"

Doch leider erwies sich das schnell als Trugschluss, denn dieser Weg der Digitalisierung löst zwar vordergründig die Probleme von Papiernotizen, aber spätestens, wenn der Akku leer ist oder Sie aus Versehen mal die Notizen-App löschen und dann auf einmal alle Notizen weg sind, ist die Lösung sogar schlechter als Ihre vorherige auf Papier.

Oft werden noch nicht einmal die Möglichkeiten der eingesetzten Apps komplett genutzt. So ist es beispielsweise schon seit Längerem möglich, Handschrift auf dem iPad unmittelbar durch getippten Text umsetzen zu lassen – sogar in allen Apps. Stattdessen wird weiterhin unleserlich weiter digital gekritzelt oder im „Zwei-Finger-Such-System" viel langsamer getippt, als früher per Hand geschrieben wurde. Das Krasseste, was ich einmal in einem Seminar erlebt habe, war ein Teilnehmer, der mit dem Apple Pencil auf der Bildschirmtastatur seines iPads getippt hat. Da wurde dann das „Zwei-Finger-Such-System" zum „Ein-Stift-Schnarch-System".

FUNFACT: Die Computertastatur
Haben Sie sich auch schon einmal gefragt, wie jemand auf die Idee für genau diese Tastaturanordnung gekommen ist? Im Jahr 1868 ließ sich der Buchdrucker und Journalist Christopher Latham Sholes in den USA die heutige Anordnung der Tasten patentieren. Was war die ursprüngliche Idee? Die ursprüngliche Idee war, eine Tastaturanordnung für möglichst schnelles Tippen zu haben. Das sollte vor allem dadurch erreicht werden, dass Buchstaben, die in der englischen Sprache häufig direkt nacheinander genutzt werden, möglichst weit auseinander liegen, damit sich die Schreibmaschinen-Zeichen nicht verhaken. Das heißt, wir arbeiten heute mit einem Tastaturlayout, dessen ursächliche Idee obsolet und heute sogar kontraproduktiv ist. Genau das passiert, wenn analoge Systeme 1:1 in die digitale Welt übertragen werden, ohne dass sie an die neuen Möglichkeiten angepasst werden.

Selten stellen sich Anwender*innen die Frage, ob nicht eine andere App statt einer Notizen-App die bessere Lösung wäre. Da sitzt dann beispielsweise ein Team in einem Meeting und jeder macht sich mehr oder weniger leserliche Notizen auf seinem Tablet. Die müssen dann im Nachgang noch einmal angepasst werden, um die besprochenen Themen nachhalten zu können. Selten wird darüber nachgedacht – und noch seltener im Team darüber gesprochen, wie man Meeting-Protokolle idealerweise an genau einer digitalen Stelle zentral erfassen und nachhalten kann. Während in der Produktion permanent an der Optimierung von Prozessen und Systemen gearbeitet wird, arbeiten wir im Büro oft noch mit den gleichen Grundprinzipien wie im letzten Jahrtausend. Das ist in etwa so, als hätten wir in der Produktion die Schraubenzieher durch moderne Akkuschrauber ersetzt, während die Konkurrenz die ganze Karosserie in einem Stück presst.

Problem 2: Die Notiz-Apps sind oft nicht kompatibel

Manchmal erlebe ich Anwender*innen, die ihre Notizen-Apps wirklich optimal nutzen und entweder die eingebaute Handschrifterkennung oder die mitgelieferte Diktierfunktion verwenden. Manchmal erlebe ich sogar User, die verstanden haben, dass man mit dem Zehn-Finger-System seine Schreibgeschwindigkeit deutlich erhöhen kann. Manche alten Techniken sind doch nicht so schlecht.

Selten erlebe ich jedoch Menschen, die bei der Auswahl ihres Notizsystems daran denken, dass es idealerweise auf allen eingesetzten Systemen heute und in Zukunft verfügbar ist. Häufig hätten diese Menschen sogar bereits Systeme im Einsatz, die genau dies ermöglichen. Was meine ich damit?

In vielen Unternehmen wird mittlerweile Microsoft *Exchange* als Technologie eingesetzt, um alle *Outlook*-Daten auf allen Systemen automatisch synchron zu halten. *Exchange* gibt es seit 1997. Es ist zu Recht mittlerweile der De-facto-Industriestandard, der sowohl auf 15 Jahre alten Nokia-Telefonen sowie auf allen aktuellen Rechnern in der Windows- und auch Mac-Welt für den reibungslosen Datenabgleich sorgt.

Was hat diese Bemerkung hier im Notizen-Kapitel zu suchen? Mit *Exchange* ist es schon immer möglich, auch Ihre *Outlook*-Notizen zwischen allen Ihren Systemen abzugleichen. Ich hatte schon auf meinen alten Nokia-Telefonen immer auch Zugriff auf meine Textnotizen im *Outlook*. Natürlich konnte ich damit keine Zeichnungen erstellen, aber für viele Anwender reichen auch heute Papiernotizen völlig aus.

Die Microsoft-Systeme haben sich natürlich auch weiterentwickelt, und für Notizen mit Zeichnungen und Handschrift gibt es auch schon lange eine Lösung. Genauer gesagt gibt es seit 2003 *OneNote*, und das nicht nur als Bestandteil des Office-Pakets, sondern auch als kostenfreie Stand-alone-Variante. Die *OneNote*-App ist für alle gängigen Tablets und Smartphones verfügbar, und bei Microsoft 365 ist nicht nur *Exchange,* sondern auch *OneNote* im Preis inbegriffen.

Sie sehen: Oft haben wir bereits Systeme im Einsatz und nutzen deren Möglichkeiten nicht. Ich nehme hier gern das Bild des 911er-Porsche, mit dem wir mit 60 km/h im ersten Gang auf der rechten Spur fahren. Natürlich müssen wir nicht mit 250 km/h durch die Landschaft brettern, aber auf der Autobahn sollten es doch ein paar mehr Kilometer zum Vorankommen sein.

Die gute Nachricht liegt aber bereits in der obigen Problembeschreibung: Die Lösung für die meisten Synchronisationsprobleme ist keine Raketenwissenschaft, sondern ist bereits auf Ihren Systemen vorinstalliert oder für sie abrufbar. Wenn Sie mit den oben beschriebenen Systemen arbeiten, haben Sie auch langfristig eine hohe Wahrscheinlichkeit, dass diese auch für zukünftige Geräte der meisten Hersteller für Sie verfügbar sein werden.

Problem 3: Andere können nicht auf unsere Notizen zugreifen

Der Punkt „Synchronisation auf den eigenen Geräten" ist schon mal eine gute Basis. Leider erlebe ich in der Praxis wenige Assistenzen, die den dringend benötigten Zugriff auf die Notiz des Chefs oder der Chefin haben. Auch wenn die Assistenzen heute zum Glück mittlerweile meist Zugriff auf die E-Mail-Postfächer der Vorgesetzten haben, ist das bei deren Notizen noch die absolute Ausnahme. Wäre es nicht ein Traum, wenn man Notizen auf dem Smartphone, dem Tablet, dem Notebook oder sogar auf der Smartwatch eingeben könnte und diese sofort auch für die Assistenz verfügbar wären?

Heute erlebe ich viele Vorgesetzte, die ihre Notizen mailen. Wenn es dann aber Updates zu Notizen gibt, müssen auch diese wieder gemailt und auf der Empfängerseite organisiert werden. Auch andersherum macht ein gemeinsamer Notizenzugriff viel Sinn. So können Meetings optimal vorbereitet werden.

Viele nutzen dafür das Notizenfeld in *Outlook.* Grundsätzlich eine gute Idee, denn Kalenderzugriffe sind heute nicht nur möglich, sondern weit verbreitet. Dabei gibt es nur einige Probleme: Wenn Sie einen Termin haben, der per Termineinladung angelegt und bestätigt wurde, sehen alle Teilnehmenden alle Notizen. Für Anfahrtshinweise mag das Sinn machen. Für Interna zu Verhandlungen ist das eher weniger geeignet. Wenn darüber hinaus jemand den Termin löscht, sind die darin enthaltenen Notizen auch weg.

Wenn Sie mobile Endgeräte nutzen, gibt es eine weitere Einschränkung: Anlagen von Terminen werden nicht auf Smartphones und Tablets synchronisiert. Ich habe schon heftige Auseinandersetzungen zwischen Vorgesetzten und Assistenzen erlebt, bei denen die Assistenz steif und fest behauptete, alle Anlagen an den Termin gehängt zu haben, und der Vorgesetzte sagte, dass sie auf dem Tablet nicht da waren. Und beide hatten recht!

Auch über die Assistenz hinaus kann das Teilen von Notizen Sinn machen, vor allem in Projekten oder im Zusammenspiel mit externen Partnern, wie Kunden oder Lieferanten. Eine E-Mail ist hier oft eine Notlösung, die mehr schlecht als recht funktioniert.

Auch hier will ich Ihnen die Lösung der drei Probleme natürlich nicht vorenthalten.

Hier noch mal die Probleme im Überblick:

▷ Problem 1: Wir erfassen unsere Digitalnotizen unleserlich oder zu langsam
▷ Problem 2: Die Notiz-Apps sind oft nicht kompatibel
▷ Problem 3: Andere können nicht auf unsere Notizen zugreifen

Lösung für Problem 1: Schöpfen Sie alle Möglichkeiten der Notiz-Systeme aus

Der erste Schritt, um Problem 1 zu lösen, ist das Verständnis der Möglichkeiten aktueller Notiz-Systeme – vor allem der Systeme, die Sie bereits im Hause haben, aber noch nicht nutzen. Wie immer bei digitalen Systemen sollten Sie zunächst über die tatsächlichen Anforderungen für sich und im Team nachdenken, bevor Sie sich für ein Notiz-System entscheiden.

STICHWORT „Notiz-System". Was ist der Unterschied zwischen „Notiz-Systemen" und „Notiz-Apps"? Notiz-Systeme sind grundsätzlich darauf ausgelegt, systemübergreifend zu synchronisieren. In der Regel sind das die Lösungen, mit denen Sie hauptsächlich arbeiten sollten. Notizen-Apps können darauf aufbauend eine sinnvolle Ergänzung für spezielle Situationen sein. Dazu in den nächsten Abschnitten mehr.

Alle gängigen Notiz-Systeme sind heute in der Lage, handschriftlichen Text so zu verarbeiten, dass dieser direkt in getippten Text umgewandelt wird oder dass er im Volltext durchsuchbar ist – auch ohne Umwandlung. Wenn Sie also eine sehr gut lesbare Handschrift haben, können Sie sich bei den meisten Apps den Zeitaufwand für die Konvertierung in getippten Text sparen. Handschrifterkennung gibt es übrigens zum Teil auch bei Windows-Notebooks. Sie benötigen dazu einen Windows-Laptop, der ein Touch-Display mit Stifterkennung hat. Idealerweise sollte das Display auch ganz umklappbar sein, sodass Sie das Notebook wie ein dickes Tablet nutzen können. In der Praxis ist das kein Ersatz für ein Tablet, aber wenn Sie gerade an Ihrem Laptop arbeiten, macht das meist mehr Sinn, als das Gerät zu wechseln. Wenn Sie es gerade nicht dabeihaben, sind Sie dann ohnehin zweiter Sieger.

Lösung für Problem 2: Wählen Sie plattformübergreifende Systeme

Spätestens beim Thema „Aufsichtsratsplattformen" werden Sie mir zustimmen, dass plattformübergreifende Systeme gewählt werden sollten. Gerade wenn Sie externe Kommunikationspartner*innen haben, ist Systemunabhängigkeit sehr wichtig. Sie erinnern sich, dass ich kein großer Freund von rein browserbasierten Lösungen bin. Gerade beim Thema „Board-Kommunikation" mache ich aber gern eine Ausnahme. Immer dann, wenn Sie keinen Einfluss auf die Hardware- und Softwareausstattung der Beteiligten haben, sollten Lösungen immer auch eine Option zum Zugriff per Browser ermöglichen. Das ist natürlich nicht die optimale Lösung für das Arbeiten mit dem Smartphone, aber Notizen zu Dokumenten werden Sie ohnehin lieber auf Tablets oder PCs anfertigen.

In diesem Zuge sollte immer auch darauf geachtet werden, dass es die Lösung eben auch als App für Smartphones gibt. Denn da macht die Arbeit über einen Browser wegen der Bildschirmgröße keinen Sinn.

Ein weiterer Grund für plattformübergreifende Systeme liegt in deren Zukunftssicherheit. Wenn ein System für die gängigen Plattformen und den Browser verfügbar ist, können Sie Ihr Notiz-System beibehalten, selbst wenn Sie Ihre Systeme wechseln. Darüber hinaus kann auf Notizen von Altsystemen selbst dann zugegriffen werden, wenn es diese als Hardware gar nicht mehr gibt.

Neben unterschiedlichen Plattformen sollten Sie auch an unterschiedliche Sprachen denken. In der Regel sind heute die Systeme in den gängigsten Sprachen verfügbar – aber eben nicht alle. Gerade wenn Sie exotischere Sprachen für Ihre Systeme benötigen, sollten Sie darauf achten, dass genau diese Sprachen auch von Ihrem Notiz-System unterstützt werden.

Idealerweise sollte die Bedienerführung und das App-Portfolio des Anbieters nachvollziehbar sein. Weshalb erwähne ich das? Wegen *OneNote*. Früher gab es nur die „große" *OneNote*-Software, die im Rahmen des MS Office-Pakets gekauft werden musste. Mit dieser sehr leistungsfähigen Version kann man Notizbücher auf beliebigen Speicherorten ablegen – nicht nur in der Microsoft-Cloud.

Mit dem Erfolg von *Evernote* führte Microsoft zusätzlich eine kostenfreie *OneNote*-App ein. Neben einem eingeschränkten Funktionsumfang können Sie hier Ihre Notizbücher nur ausschließlich in der Microsoft Cloud speichern. Das hat auch Vorteile, passt aber nicht in jedes Unternehmens-IT-Sicherheitskonzept.

2020 wurde angekündigt, dass es in Zukunft nur noch eine *Outlook*-Version geben solle – und zwar die App. Das sorgte für einen großen Aufschrei in der Microsoft-Kunden-Community. Zum Glück hat Microsoft auf seine Kunden gehört und im Jahr 2021 verkündet, dass statt der App nun die große *Outlook*-Version für alle Plattformen weiterentwickelt wird. Bis 2025 wird die „kleine" App noch unterstützt, aber Sie sollten rechtzeitig auf die große Version umsteigen. Microsoft passt die große App zum Glück an die frischere Oberfläche der kleinen App an. Somit haben Sie „best of functionality and usability". Mit der großem *OneNote*-Version können Sie beispielsweise auch *Outlook*-Termine mit *OneNote*-Notizen so verknüpfen, dass Ihre Notizen nur von Ihnen zu sehen sind.

  In diesem Video werden die verschiedenen *OneNote*-Versionen vorgestellt.

Über *Exchange* haben Sie die Möglichkeit, Ihre *Outlook*-Notizen auf allen Endgeräten, die *Exchange* unterstützen, synchron zu halten. Die Einschränkungen sind die fehlende Unterstützung von Grafiken und Kategorien. Wenn Sie diese Funktionen benötigen, empfehle ich vor allem den Einsatz von *OneNote*. Es gibt aber auch weitere gute Notiz-Systeme, auf die ich später noch eingehen werde.

Ein weiterer Anwendungsfall für Notizen ist die Kommentierung von Unterlagen von Sitzungen. Vor allem bei Aufsichtsratssitzungen sind diese hoch vertraulich zu behandeln. Darüber hinaus sollte der Workflow so optimierbar sein, dass die Board-Assistenz Unterlagen im Vorfeld anfordern und verteilen kann. Moderne Board-Lösungen, wie *Brainloop* oder *dp:board*, bieten sogar die Möglichkeit, Notizen auf Dokumente der nächsten Versionen mit zu übertragen. Da sind wir wieder beim Thema „Aktualisierung von Notizen" und eben auch von Anmerkungen.

Lösung für Problem 3: Geben Sie Ihre Notizen frei und nutzen Sie gemeinsame Notizbücher

Denken Sie aber auch immer an private Notizen. Ich bin ein großer Freund davon, private und dienstliche Daten voneinander zu trennen. Das verhindert ungewollten Datenabfluss im Unternehmen, und wenn Sie das Unternehmen wechseln, bleiben die dienstlichen Notizen einfach in den Systemen des bisherigen Arbeitgebers. Ihre privaten Notizen nehmen Sie mit. Im Notiz-System *Evernote for Business* ist eine solche Funktion sogar bereits eingebaut. Hier gibt es innerhalb der App einen privaten und einen dienstlichen Bereich, und beim Ausscheiden aus der Firma kann der Privatbereich mitgenommen werden. Ich empfehle aber eher *OneNote*, da es besser in die Microsoft-Infrastruktur passt. Eine Idee ist aber vielleicht, *OneNote* dienstlich und *Evernote* privat zu nutzen.

Für Privates ist die iCloud von Apple eine gute Idee, wenn Sie auch zu Hause nicht mit Windows, sondern mit dem Mac arbeiten. Im Unternehmenskontext ist das keine Option, da die iCloud-Services ja, wie oben bereits beschrieben, aktuell nicht DSGVO-konform genutzt werden können.

Gerade bei Besprechungsnotizen ist es aber manchmal sehr praktisch, wenn nicht nur Sie, sondern auch manche andere im Team darauf zugreifen können – aber nicht alle. Das ist eine der tollen Funktionen der großen *OneNote*-Lösung, die ich weiter oben erwähnt habe: Hier können Sie beim Erstellen einer verknüpften Notiz entscheiden, ob die Notiz nur für Sie oder auch für andere im Team zu sehen sein soll.

Bei der gemeinsamen Nutzung von Notizbüchern haben Sie grundsätzlich zwei Lösungen:

▷ Variante 1 ist die Freigabe von ganzen Notizbüchern oder von Teilen daraus,
▷ Variante 2 ist das Ablegen eines Notizbuchs auf einem Speicherort, auf den mehrere Personen Zugriff haben.

In der Regel macht die zweite Variante mehr Sinn, denn dann haben Sie wirklich ein zentrales Notizbuch, auf das alle Personen Zugriff haben, die diesen benötigen. Die erste Variante ist dann hilfreich, wenn Sie nur einzelne Abschnitte oder Seiten teilen wollen. Meine Empfehlung aus der Praxis ist die Nutzung von kompletten Arbeitsbereichen mit definierten Zugangsberechtigungen, in denen dann alle Dokumente und auch Notizen liegen, die dieser Personenkreis benötigt. Das kann man sehr gut mit *MS Teams* abbilden. Hier können Sie sowohl auf der Gesamt-*Teams*-Ebene als auch auf der Kanalebene innerhalb von *Teams* Berechtigungen einstellen.

In *Teams* können Sie Registerlaschen für Dokumente und eben auch *OneNote*-Notizbücher anlegen. Im ersten Schritt erscheint die Notizenintegration in *Teams* etwas sperrig. Sie können aber hier jederzeit innerhalb der einzelnen Dienste anklicken, dass Sie die Informationen in den nativen Applikationen bearbeiten wollen. Wenn Sie das einmal ausgewählt haben, können Sie Ihre Notizen auch in der Desktop-Anwendung und sogar auf Ihrem Tablet und Smartphone bearbeiten.

In diesem Video sehen Sie, wie Sie *OneNote*-Notizbücher in *MS Teams* integrieren können.

Bei *Teams* sollten Sie jedoch beachten, dass private Kanäle zwar innerhalb eines Teams möglich, aber deutlich funktionseingeschränkt sind. So können Sie beispielsweise keine Kanalbesprechungen planen, sondern nur ad hoc abhalten. Von daher empfehle ich eher, einzelne Teams für unterschiedliche Benutzergruppen einzurichten.

Wenn Sie kein Microsoft 365 im Einsatz haben oder *Teams* nicht nutzen, können Sie *OneNote*-Notizbücher aus der großen *OneNote*-Version auch auf Netzlaufwerken abspeichern. Für diese Netzlaufwerke können Sie dann entsprechende Benutzerberechtigungen vergeben.

Bei Notiz-Systemen wie *Evernote* und *Notion* können Sie auch Benutzer*innen zur Zusammenarbeit einladen. Der Vorteil ist, dass das innerhalb der Notizensysteme sehr gut funktioniert. Der Nachteil ist, dass das dann meist weniger integriert ist als bei Gesamtlösungen wie Microsoft 365. Dann haben Sie zwar eine Kollaborationslösung, aber auch die ist dann wieder eine Insel. Von daher empfehle ich, bei Kollaborationslösungen nach Möglichkeit darauf zu achten, dass Sie entweder einen breiten Bereich von Dokumenten- und Informations-Typen abdeckt oder Schnittstellen zur Zusammenarbeit mit anderen Systemen hat.

Früher war der Ansatz im IT-Bereich, möglichst ganzheitliche One-fits-all-Softwarelösungen anzubieten. Das Problem dabei ist, dass die Komplexität solcher Systeme irgendwann schwierig zu beherrschen ist. Die Systeme von SAP sind hierfür das klassische Beispiel. Kleine pfiffige Apps sind wiederum oft pfiffige Insellösungen, die aber nicht zusammenarbeiten. Hier steigt das Risiko der Verzettelung in einzelnen digitalen Inseln. Eine sehr gute Lösung für dieses Problem hat beispielsweise die DATEV mit ihrem digitalen Marktplatz entwickelt. Hier bieten Marktplatzpartner kleine Softwaretools für Spezialanforderungen an, die aber über eine DATEV-Connect-Schnittstelle immer mit dem DATEV-Mutterschiff kommunizieren können.

Eine plattformübergreifende Lösung hierfür gibt es mit dem Dienst *Zapier*. Die Idee hinter *Zapier* ist, dass die damit angebundenen Systeme nur eine Schnittstelle realisieren müssen. *Zapier* ist quasi die Drehscheibe, über die all diese Systeme miteinander verbunden werden können. So kann man beispielsweise einrichten, dass eine eingehende E-Mail automatisch in einem Notizbuch abgelegt wird.

Tipps und Tricks für die Nutzung von Notizen-Software

Es gibt eine Vielzahl an Notizen-Apps, wenn Sie die diversen Appstores durchsuchen. Deshalb habe ich Ihnen hier eine Auswahl derjenigen Programme zusammengestellt, mit denen ich gute Erfahrungen gemacht habe. Außerdem zeige ich Ihnen, wie Sie, wenn Sie nicht auf Ihre Papiernotizen verzichten möchten, diese in die digitale Welt bringen.

Meine Tipps für digitale Notiz-Systeme

Notizen-Programme und Notizen-Apps gibt es viele, und im nächsten Kapitel werden Sie einige davon kennenlernen. Zuvor möchte ich Ihnen aber erst einmal die führenden Notiz-Systeme vorstellen.

OneNote, *Evernote* und *Notion* habe ich bereits mehrfach erwähnt.

Für alle Anwender, die Microsoft 365 einsetzen, ist *OneNote* meine absolute Empfehlung. Das System ist in Ihrer Lizenz integriert. Somit haben Sie keine weiteren Kosten. Darüber hinaus ist es sehr gut in die Microsoft-Arbeitsabläufe integriert und Sie können sehr gut verteilt damit arbeiten. Mit der Entscheidung, die große *OneNote*-Lösung weiterzuentwickeln, hat Microsoft auch für Zukunftssicherheit gesorgt. Der größte Nachteil von *OneNote* ist die etwas sperrige Benutzeroberfläche, die neue Anwender oft abschreckt. Diese wird aber kontinuierlich verbessert. Somit lohnt es sich, die erste Hürde zu überwinden.

Zu *Evernote* bin ich vor vielen Jahren einmal gewechselt, weil es eine viel bessere Tablet- und Smartphone-App hatte. Das Abspeichern von Webseiten über einen Webclipper konnte *Evernote* sehr viel früher als *OneNote*. Mittlerweile hat *OneNote* diese fehlenden Funktionen aber auch integriert. Darüber hinaus hat *Evernote* in den letzten Jahren viele neue Funktionen eingeführt und dann wieder eingestellt. *OneNote* mit seiner kontinuierlichen Weiterentwicklung ist da zwar langweiliger, aber wenn Sie gerade Ihre Organisation auf eine Funktion aufgebaut haben, die kurz danach wieder abgeklemmt wird, ist das extrem zeitfressend. Von daher bin ich wieder zu *OneNote* zurückgekehrt und empfehle es Ihnen auch. Eine Idee kann sein, *Evernote* privat weiter zu nutzen und *OneNote* dienstlich. Ich empfehle aber, eher zwei *OneNote*-Notizbücher für diesen Zweck anzulegen.

Notion als Notizsystem ist in den letzten Jahren sehr beliebt geworden, da es sehr viele Möglichkeiten anbietet. Das ist aus meiner Sicht aber auch das Problem: Ich finde, es ist unübersichtlicher als *OneNote*. Für einen Einsatzzweck ist es aber sehr gut geeignet. Es gibt viele Software-Anbieter, die Ihre Anwendungsdokumentation über freigegebene *Notion*-Notizbücher umgesetzt haben. Sie können damit gut strukturierte Übersichtsseiten erstellen und sogar Workflows abbilden. Im privaten Bereich ist *Notion* sogar kostenfrei nutzbar. Für IT-affine Anwender, die nicht mit Microsoft 365 arbeiten, eine Empfehlung.

Wenn Sie Android-Systeme nutzen, ist Ihnen bestimmt auch bereits *Google Keep* begegnet. Das ist die Notizenlösung von Google. Für Android und auch iOS-Smartphones und Tablets gibt es eine App. Auf dem Rechner können Sie per Web-Browser auf Ihre Notizen zugreifen. Das ist eine sehr gute Möglichkeit, um auch auf fremden Rechnern oder auf Firmenrechnern, bei denen man keine Programme installieren darf, auf die eigenen Notizen zuzugreifen. Leider gibt es dabei aber keine Möglichkeit, die Notizen auch offline auf Ihrem Rechner zu nutzen. Von daher empfehle ich da eher Lösungen, die auch eine Offline-Synchronisation auf dem Rechner anbieten.

Dropbox werden wir im nächsten Kapitel etwas intensiver beleuchten. *Dropbox* ist vor allem eine Online-Dateiablage. Mit *Dropbox Paper* gibt es aber auch eine Notizenlösung von *Dropbox*. Die Grundidee von *Dropbox Paper* ist aber eher die Möglichkeit, dass Sie in der *Dropbox* abgelegte Dokumente gemeinsam im Browser bearbeiten können. Als Notizenlösung halte ich das System für eher ungeeignet, auch wenn es als solches oft vermarktet wird.

Wenn das Thema „Sicherheit" für Sie sehr wichtig ist, gibt es mit **Turtl** noch ein Notizensystem, dass extra verschlüsselt ist. Sie können mit *Turtl* Ihre Notizen sogar über einen eigenen Server synchronisieren. Es gibt auch bereits Android- und in Kürze iOS-Apps, und auf dem Rechner können Sie auch Apps installieren. Der Funktionsumfang für den Business-Bereich ist jedoch eher eingeschränkt und es gibt nur einen Semi-Offlinemodus, bei dem Sie beim Einloggen online sein müssen. Somit ist das System de facto wieder nur online nutzbar. Von daher empfehle ich das System im Business-Bereich eher nicht.

Mein Favorit im Business-Bereich ist aktuell *OneNote*.

Meine Tipps für Notizen-Apps auf Tablets und Smartphones

Die gute Nachricht: Die oben empfohlenen Notiz-Systeme sind auch für Smartphones und Tablets verfügbar. Darauf sollten Sie auch immer achten. Darüber hinaus gibt es aber manchmal auch Situationen, in denen man einfach mal nur ein digitales weißes Blatt Papier benötigt. Für diesen Fall eignen sich ergänzende Notizen-Apps.

Mein Favorit in diesem Bereich ist die Notizen-App *Unlimited Whiteboard*. Diese iPad-App ist einfach nur ein unendlich großes Whiteboard mit ganz wenigen Optionen. Sie können die Stiftfarbe ändern und radieren. Das wars. Genau das ist aber auch der Charme dieser App. Manchmal ist weniger mehr. Da, wo ich früher ein weißes Blatt Papier zur Visualisierung genutzt habe, nutze ich heute *Unlimited Whiteboard;* im persönlichen Gespräch, auf dem Beamer und in Videokonferenzen. In *Zoom* können Sie beispielsweise Ihr iPad freigeben. Mit *Unlimited Whiteboard* haben Sie dann ein einfach übertragbares Whiteboard.

In diesem Video sehen Sie, wie *Unlimited Whiteboard* funktioniert.

MACHEN SIE SICH EFFEKTIV DIGITAL NOTIZEN

Von Apple gibt es mit *Freeform* ein solches unendliches Whiteboard, mit dem Sie sogar mit anderen Menschen zusammenarbeiten können. Der Haken daran ist, dass die Synchronisation per iCloud nicht DSGVO-konform ist.

Als Notizen-App kann ich noch zwei Lösungen empfehlen: *GoodNotes* und *Notability*. Beide Lösungen sind vor allem dann geeignet, wenn Sie viele handschriftliche Notizen auf Ihrem iPad anfertigen wollen. Bei *Notability* können Sie sogar noch Sprachnotizen aufnehmen, die mit gleichzeitig geschriebenem Text verknüpft sind. Beide Lösungen sind auf dem iPad und dem Mac sehr leistungsfähig. Leider gibt es beide Lösungen nicht für den PC und auch nicht für den Zugriff über einen Webbrowser. Vor diesem Hintergrund bieten sich diese Lösungen vor allem in reinen Apple-Umgebungen im Privatbereich an. Da sind sie aber klasse.

Sowohl *GoodNotes* als auch *Notability* bieten sehr gute Auto-Backup-Lösungen an. Damit können Sie Ihre Notizbücher zwar nicht automatisch mit Ihrem PC synchronisieren, können aber den aktuellen Stand Ihrer Notizbücher immer in Form eines PDF-Dokuments auf Ihrem Rechner haben. Beide Lösungen bieten dafür die gängigen Cloudanbieter wie *Dropbox* und *OneDrive* an. *Notability* bietet darüber hinaus auch noch eine Synchronisation per WebDAV mit Netzlaufwerken an. Über die WebDAV-Schnittstelle können beispielsweise auch *OwnCloud*, *NextCloud* und *agree21Doksharing* (eine Datenaustauschlösung auf der Basis von *Dracoon*) zur automatischen Sicherung von Notizen genutzt werden.

Wenn Sie also eine spezielle Notizen-App auf dem iPad nutzen wollen, sollten Sie eher zu *Notability* greifen, da Sie hier noch mehr Möglichkeiten zur Datensicherung haben. Auf die gesicherten PDF-Dateien können übrigens auch Assistenzen zugreifen, wenn man die Speicherorte entsprechend freigegeben hat.

In diesem Video wird die Einrichtung des WebDAV-Auto-Backups in *Notability* gezeigt.

Für alle Notizen, die Sie auf allen Systemen nicht nur ansehen, sondern auch bearbeiten wollen, empfehle ich *OneNote*. Auch in *OneNote* können Sie handschriftliche Notizen anfertigen. Ich nutze als Ergänzung gern *Thoughts* und manchmal – für Präsentationen *GoodNotes,* aber mein Kernsystem ist *OneNote*.

Für handschriftliche Notizen auf Tablets kann ich Ihnen übrigens sehr die Bild-schirmfolien von *Paperlike* empfehlen. Diese Folien sind sehr rau und simulieren damit fast 1:1 das Schreibgefühl, das Sie beim Schreiben auf Papier haben. Sie verlieren etwas an Farbbrillanz, aber Vielschreiber mit Pencils schwören darauf. Im Online-Bereich des Buches finden Sie die entsprechenden Links dazu.

Hier finden Sie eine Link-Liste der von mir empfohlenen Notizen-Apps.

Extra-Tipp: Papiernotizen digitalisieren

So gut die *Paperlike*-Folien auch sind, manche meiner Kunden schreiben doch lieber auf Papier. Die Papiernotizen sollen aber trotzdem im Nachgang digital verfügbar und durchsuchbar sein. Auch hierfür gibt es smarte Lösungen.

Die einfachste Lösung für ein geringes Papiernotizen-Aufkommen sind die mitgelie-ferten Kamera- und E-Mail-Apps Ihres Smartphones. Diese haben heute eine inte-grierte Scan-Funktion, mit der Sie handschriftliche Notizen auch ohne teure Scanner-Apps digitalisieren können. Mittlerweile können die mitgelieferten Apps sogar hand-schriftliche Texte automatisch erkennen und Dokumente verkleinern. Oft reicht das völlig, wenn Sie mal eben ein Blatt per Mail weiterleiten wollen.

In diesem Video sehen Sie die iPhone-Scanfunktion.

Wenn Sie ein Dokumentenmanagementsystem (DMS) haben, kann es sogar sinnvoll sein, ein E-Mail-Postfach, analog dem Info-Postfach, anzulegen. Dann können Sie Dokumente einfach an Ihr DMS-Postfach mailen und dann automatisiert oder durch

Mitarbeitende verschlagworten und archivieren lassen. Diese Lösung empfehle ich beispielsweise gern im DATEV-Umfeld.

Wenn Sie, wie ich, ein Freund der edlen Schreibgeräte von **Montblanc** sind, haben Sie vielleicht schon mal einen Blick auf die *Augmented-Paper*-Lösung von Montblanc geworfen. Die Idee ist klasse. Sie haben eine hochwertige Ledermappe mit einem hochwertigen Papierblock und schreiben per Hand. Die handschriftlichen Notizen werden dann per Knopfdruck an eine Tablet-App übertragen und können dort weiterverarbeitet werden. So weit, so gut. Ich habe mir das System im Shop angesehen und war sehr enttäuscht. Die Materialanmutung der Ledermappe und vor allem des Stifts ist sehr billig. Der Stift ist so leicht wie ein Werbekugelschreiber und erfüllt aus meiner Sicht das Produktversprechen von Montblanc nicht. Da die Lösung aber das übliche Montblanc-Preisschild hat, empfehle ich in diesem Bereich eher andere Lösungen.

Von **Moleskine** gibt es mit dem *Smart-Writing-Set* eine Alternativlösung, die eine vergleichbare Haptik zu einem Bruchteil des Preises anbietet. Es gibt sogar eine pfiffige Planner-App, mit der man vor allem im privaten Bereich Papier und Elektronik sehr gut kombinieren kann. Am besten schauen Sie sich die Lösung einmal in einem *Moleskine*-Store an.

Die aus meiner Sicht ausgereifteste Lösung in diesem Bereich ist die Lösung von **Livescribe**. Wie bei den Lösungen von *Montblanc* und *Moleskine* benötigt man hierfür spezielle Blöcke, die nicht günstig sind. Dafür hat der *Livescribe* aber auch die Möglichkeit, Sprachnotizen mit aufzunehmen. Ähnlich wie bei *Notability* sind diese dann mit den handschriftlichen Notizen verknüpft. Der größte Vorteil aus meiner Sicht ist die *Evernote*- und *OneNote*-Integration. In der kostenfreien App von *Livescribe* können Sie Ihr *Evernote*- oder *OneNote*-Konto verknüpfen. Damit erscheinen Ihre handschriftlichen Notizen automatisch in Ihrem *Evernote* oder *OneNote*. Das funktioniert in der Praxis recht gut.

Wenn Sie nicht mit Spezialblöcken arbeiten wollen, sondern auf allen Blöcken schreiben wollen, sollten Sie sich einmal das Konzept des **Nuwa Pens** ansehen. Das ist ein Stift, der zwar keine Sprachaufnahmen erlaubt, dafür aber auch kein Spezialpapier benötigt. Er hat jedoch keinen Clip – was in der Praxis nervig ist, aber das Konzept ist schon klasse.

Die Top-10-Tipps aus Kapitel 3

▸ Überlegen Sie sich, welche Art Notizen Sie anlegen wollen. Es können dafür auch mehrere Notiz-Systeme sinnvoll sein.

▸ Schaffen sie sich einen Ersatz für das weiße Blatt Papier – für schnelle Visualisierungen und Videokonferenzen.

▸ Nutzen Sie immer Notiz-Systeme, die auf allen Ihren heutigen Systemen verfügbar sind.

▸ Nutzen Sie Notiz-Systeme, die idealerweise auch für die anderen Betriebssysteme verfügbar sind. Dann sind Sie zukunftssicher.

▸ Arbeiten Sie mit Notiz-Systemen, die einen Webclipper haben, um Webseiten archivieren zu können.

▸ Arbeiten Sie mit Notiz-Systemen, bei denen Sie auch mit Teamnotizbüchern und Freigaben arbeiten können.

▸ Wenn Sie Microsoft 365 einsetzen, schauen Sie sich unbedingt *OneNote* an. Sie zahlen es ohnehin bereits.

▸ Wenn Sie gern handschriftlich arbeiten, testen Sie den Apple Pencil, ggf. in Verbindung mit der *Paperlike*-Bildschirmfolie.

▸ Auf dem iPad und in den meisten Notizen-Apps funktioniert die Volltextsuche in handschriftlichen Notizen hervorragend. Somit müssen Sie sie nicht immer in getippten Text umwandeln.

▸ Wenn Sie lieber auf Papier schreiben, testen Sie die digitalen Stiftlösungen.

MACHEN SIE SICH EFFEKTIV DIGITAL NOTIZEN

4

Strukturieren Sie Ihre digitale Dateiablage

Digitaler Datenfriedhof statt Papierablage?

Kennen Sie das noch? Alles kam per Post, in mehrfacher Ausfertigung, und wurde, ebenso wie die ausgehenden Angebote und Bestellungen, fein säuberlich abgelegt in riesigen Aktenschränken oder Hängeregistraturen. Dummerweise waren die Akten aber meist gerade nicht da, wo man sie brauchte. Entweder waren sie im Ordner im Büro, wenn man unterwegs war, oder der Kunde rief an und wollte etwas dazu wissen, und der Kollege hatte den Ordner gerade mit im Homeoffice. Einige haben sich dann eine Handablage für aktuelle Themen geschaffen, um diese immer griffbereit mitzunehmen. Irgendwann wurden dann aber selbst die Pilotenkoffer für diese Handablage zu klein, und schnell gefunden hat man auch nichts mehr.

Zum Glück gibt es heute die Digitalisierung. Da findet man ja all seine Angebote im „Gesendet-Ordner" des PC, und sogar auf dem Tablet und dem Smartphone sind alle E-Mail-Anlagen da. Wenn da nur nicht die Fülle an Suchergebnissen wäre … „Ah, hallo Herr Bremer, Ihre Bestellung, ja, Moment, ich such gerade schnell das Angebot raus, kein Problem – hab ich ja auch als Datei abgelegt. Hmmm, wissen Sie was, ich ruf Sie gleich zurück." Da sind jetzt auch irgendwie Hunderte von Dateien in diesem Ordner. Irgendwie scheint diese Digitalisierung auch nicht die Lösung zu sein.

Früher gab es Aktenschränke. Heute gibt es E-Mail- und Datei-Ordner. Früher haben wir den einen Aktenordner gefunden und mussten diesen durchforsten. Heute haben wir 128.000 Suchergebnisse. Studien zeigen immer wieder, dass viel Produktivität in Büros durch Suchzeiten verloren geht. Natürlich beherrschen einige Genies das Chaos, aber diese seltenen Ausnahmen bestätigen die Regel.

Löst Digitalisierung das Ordnen-und-Finden-Problem? Ich denke, einige Probleme können dadurch sehr gut gelöst werden. So ist es beispielsweise heute möglich, Dokumente auf allen Systemen automatisch immer dabeizuhaben, ohne sie wie früher kopieren zu müssen. Leider schafft die Digitalisierung aber auch neue Probleme, wenn nicht strukturiert gearbeitet wird. Der Engpass ist hier also meistens nicht die Technik, sondern der Mensch.

Die drei Hauptprobleme der digitalen Ablage und ihre Lösungen

Aus dem obigen Abschnitt lassen sich schon die folgenden drei Hauptprobleme der digitalen Ablage ableiten, die wir in natürlich gleich erörtern werden:

1. Wie schnell kommt einen Vielzahl an digitalen Fotos und Dokumenten zusammen – und oft löschen wir sie nicht aus Angst, sie später vielleicht doch noch mal zu benötigen.
2. Dann ordnen wir alles irgendwie ein – jeder Beteiligte für sich, und am besten noch an einem anderen Ort, sodass alles mehrfach irgendwo herumdümpelt.
3. Benötigen wir wirklich alle Danke- und Bestätigungsmails? Muss wirklich der ganze Vorgang aufbewahrt werden oder genügt es nicht, nur die Kerndokumente abzulegen? Das ist oft die leider nicht bedachte Frage.

Problem 1: Wir löschen unsere digitalen Daten zu selten

Urlaub 1987: 36 Fotos – 8 waren schön. Urlaub 2023: 2.438 Fotos – 8 waren schön. Das kommt Ihnen bekannt vor … Hieran wird ein Grundproblem der Digitalisierung sehr deutlich: Wir produzieren zwar nicht mehr relevanten Inhalt als früher, aber wir produzieren viel mehr überflüssigen Inhalt und löschen diesen viel zu selten.

In der *Zeit* stand zu diesem Thema einmal ein interessanter Artikel.[1] Die Kernaussage war, dass wir durch die Digitalisierung verlernen, Entscheidungen zu treffen. Früher waren wir zum Löschen gezwungen bzw. dazu, uns einzuschränken. Ein Film war nun mal nach 36 Fotos voll. In einen Aktenordner passte nur eine begrenzte Menge Dokumente, und viel mehr als 10 Kilo Papier bekam man auf seinem Schreibtisch halt nicht unter. Heute müssen wir nicht mehr löschen bzw. die Systeme suggerieren es uns.

Problematisch dabei sind dabei zwei Themen:

▷ Das Ausmisten wird deutlich mühsamer, wenn die Festplatte ganz voll ist und Ihr System nur noch im Schneckentempo arbeitet oder wenn Sie die Meldung bekommen, dass Ihr iCloud-Datenspeicher voll sei.
▷ Bei Eingabe eines Suchbegriffs erhalten Sie eine ellenlange Liste von Suchergebnissen und finden immer häufiger nicht das, was Sie suchen. Ich nenne das gern das „Google-Problem", denn wenn Sie bei Google etwas suchen, finden Sie häufig auch mehrere Millionen Suchtreffer, und über die Seite eins hinaus gehen die wenigsten Google-Nutzer.

Ein Lösungsansatz dazu ist Künstliche Intelligenz (KI). Microsoft hat 2023 *ChatGPT* in seine Suchmaschine *Bing* integriert. Und KI wird auch immer weiter in *MS Teams* und das gesamte Windows-Dateimanagement integriert. Aus meiner Sicht ist das aber eher ein Herumdoktern an Symptomen, statt die Ursachen nachhaltig anzugehen. Mir ist gesunder Menschenverstand lieber als KI, und auch KI tut sich leichter mit weniger Datenmaterial.

Die Tatsache, warum wir so selten löschen, lässt sich zum einen oft mit unserer Urangst erklären, dass wir beim Löschen etwas verlieren könnten, was wir doch noch irgendwann einmal benötigen könnten. In der Verhaltenspsychologie ist lange bekannt, dass wir Menschen Dinge, die wir erhalten, schnell als selbstverständlich erachten. An Dinge, die uns weggenommen werden, erinnern wir uns deutlich länger. Eine Gehaltserhöhung um 500 Euro ist ab dem 3. Monat selbstverständlich und erhöht dann die Motivation kaum mehr. Hingegen vergessen wir eine Gehaltskürzung ein Leben lang nicht mehr und erinnern uns noch immer an den 1.1.2020, als man uns einfach 100 Euro weniger zahlte.

Die zweite Ursache ist oft die Unkenntnis der richtigen Strategien zum Löschen, Ablegen, Nachhalten und Wiederfinden von elektronischen Dokumenten. Dann wird im Zweifelsfall eben nicht gelöscht, bevor man etwas falsch macht.

Wenn wir eine oder beide Ursachen bei uns ausmachen können, gibt es gute Strategien, gegen beide anzugehen.

Leider herrscht bei der Nutzung digitaler Systeme aber weit verbreitet eher eine Art Gedankenlosigkeit: Die Systeme sind doch intuitiv bedienbar, da braucht man doch keine Handbücher zu lesen oder sich mit den Systemen zu beschäftigen, oder etwa doch? Häufig werden EDV-Systeme wie Microsoft 365 in Unternehmen eingeführt, ohne dass man sich vorher Gedanken über produktive Arbeitsweisen im Umgang mit den neuen Systemen macht. Wir nutzen oft nur einen Bruchteil der Möglichkeiten der digitalen Tools, und meistens sind die Funktionen, die wir nutzen, auch die, die sich intuitiv erschließen, aber nicht unbedingt die größten Produktivitätshebel sind.

Problem 2: Wir haben kein durchdachtes Ablagesystem

Spätestens wenn wenig gelöscht wird, ist ein wirklich gutes Ablagesystem überlebensnotwendig. Gerade bei vielen Dokumenten verliert man so schnell den Überblick. Von daher ist Löschen vielleicht doch gar keine so schlechte Idee?

Auch bei wenigen Dokumenten macht eine strukturierte Ablage das Wiederfinden einfacher. In den meisten Unternehmen gibt es zwei Bereiche, in denen es ein strukturiertes Ablagesystem gibt: im Personalwesen und in der Buchhaltung. Gerade in Letzterem gab es in der Regel auch schon in der analogen Welt immer einen Buchhaltungs-Ablageplan. Der war nach Nummernkreisen strukturiert, die sich auch im EDV-System wiederfinden. Also alles schön logisch, ordentlich und systematisch.

Hier zeigt sich auch ein weiteres verbreitetes Problem: Es gibt nicht nur „kein Ablagesystem für Papier und digitale Dokumente", sondern auch keine intelligente Verknüpfung zwischen beiden Systemen. Normalerweise sage ich ja immer: „Vertrieb ist vorn!" Hier sage ich ganz klar: „Buchhaltung ist vorn!" Jetzt sagen Sie vielleicht: „Ist ja auch klar, die müssen das ja auch aus gesetzlichen Gründen so machen" und: „Ja, da haben Sie recht, aber es macht auch die Arbeit in der Buchhaltung leichter und deshalb macht es dort Sinn". Sinn macht es durchaus, wie wir gesehen haben, auch in anderen Abteilungen, und es gibt auch schon einzelne Mitarbeitende im Unternehmen, die auch über die Buchhaltung hinaus ein sehr gutes Ablagesystem haben. Oft sind dies noch Insellösungen, die im Unternehmen kaum bekannt sind. Noch seltener wird die Chance genutzt, in Arbeitsgruppen oder in Projekten eine gemeinsame Ablagestruktur abzustimmen.

In der Buchhaltung würde niemand auf die Idee kommen, Buchhaltungsbelege mehrfach abzulegen. Genau das passiert aber in der Regel außerhalb der Buchhaltung. Statt eine gemeinsame Projekt- oder Teamablage in Papier- und Digitalform einzurichten, speichert jeder munter alle Dateien in seinem eigenen Ablagesystem ab.

Silodenken wird in Unternehmen immer mehr abgeschafft. Die Dateien-Silos leben aber weiter, weil sich darüber selten jemand Gedanken macht. Hierbei sieht man ein weiteres Phänomen der Digitalisierung: Früher waren bestimmte Funktionen, wie der gemeinsame Zugriff auf Dateien, nicht verfügbar. Somit musste jeder seine eigenen Dateien lokal abspeichern. In der Zwischenzeit ist die gemeinsame Nutzung von Dateiablagen technisch ein Kinderspiel. Das ist nur in den Köpfen und den täglichen Routinen der Mitarbeitenden häufig noch nicht angekommen.

Nun gibt es in den wenigsten Unternehmen Verantwortliche, die sich regelmäßig mit den neuen Möglichkeiten der eingesetzten EDV-Systeme beschäftigen und sich auf dieses Basis Optimierungsgedanken machen. Der Mensch ist ein Gewohnheitstier – und ändert deshalb bestehende Gewohnheiten nur bei großem wahrgenommenem Schmerz. Oft erhöhen wir also lieber den Datenspeicherplatz und kaufen uns einen Laptop mit doppelt so großer Festplatte, als uns Gedanken über ein sinnvolles Ablagesystem zu machen. Da sind wir wieder beim Thema „Symptome bekämpfen, statt die Ursachen zu beseitigen". Kurzfristig mag das funktionieren. Langfristig werden wir in Büros damit aber immer unproduktiver.

Problem 3: Wir denken bei der Dateiablage nicht langfristig

Ein weiterer Bereich, in dem eher kurzfristig als langfristig gedacht wird, ist die Dateiablage im Rahmen von Projekten. Projekte sind ja dadurch gekennzeichnet, dass sie zeitlich begrenzt sind. Die Tausende von Dokumenten, die innerhalb eines Projekts anfallen, werden aber meistens ohne System irgendwo abgelegt. Somit ist es bei Beendigung des Projekts auch fast unmöglich zu entscheiden, welche Dokumente im Nachgang noch benötigt werden und welche nicht: Selbstverständlich müssen Ergebnisdokumente in Projekten abgelegt werden, und viele der Prozessdokumente können für weitere Projekte als Vorlagen genutzt werden. Die ganzen wöchentlichen Zwischenreports mit aktuellen Projekt-Zwischenständen werden aber in der Regel im Nachgang nicht mehr benötigt.

Hier sieht man ein weiteres Grundproblem der Digitalisierung: Wann ist der beste Moment zu entscheiden, was mit einer E-Mail oder einem Dokument langfristig zu tun ist? Genau – nicht am Ende eines zweijährigen Projekts, sondern in dem Moment, wo Sie das Dokument entweder erhalten, erstellen oder versenden. Genau dann sind Sie im Thema und müssen sich nicht erst in das Thema des Dokuments einlesen.

Da sich kaum jemand strukturierte Gedanken über den Lebenszyklus eines Dokuments im Vorfeld macht, ist es einfach zu aufwendig, Projektablagen im Nachgang auszumisten. Platz ist ja noch genug auf dem Laufwerk. Noch!

„Keinen Plan danach" haben auch die meisten beim Thema „Kundendokumente". Gerade bei einmaligen Kundenprojekten gelten meist die gleichen Gesetzmäßigkeiten wie bei anderen Projekten. Bei Bestandskund*innen gibt es darüber hinaus noch eine schwierige Kombinationen aus Kundenprojekten, vertragsrelevanten Informationen und Informationen, die man im Nachgang nicht mehr benötigt. Im Kundenservice kommt noch hinzu, dass die Kommunikation über die verschiedensten Systeme läuft. Meist treffen da Dokumente in *Outlook*, im Dateisystem und mittlerweile auch in *MS Teams* und sogar in WhatsApp zusammen. Die wenigsten Vertriebsmitarbeiter haben dafür ein wirklich gutes Ablagesystem und müssen in der Folge nicht nur ein, sondern mehrere Systeme durchsuchen.

Spätestens, wenn aus Kund*innen Ex-Kund*innen werden, wird es schwierig zu entscheiden, welche Informationen im Nachgang noch aufbewahrt werden müssen und welche man darüber hinaus noch braucht.

STRUKTURIEREN SIE IHRE DIGITALE DATEIABLAGE

Wie Sie schon wissen, lasse ich Sie mit den Problemen nicht allein – hier kommen meine Lösungen.

Hier noch mal die Probleme im Überblick:

▷ Problem 1: Wir löschen unsere digitalen Daten zu selten
▷ Problem 2: Wir haben kein durchdachtes Ablagesystem
▷ Problem 3: Wir denken bei der Dateiablage nicht langfristig

Lösung für Problem 1: Löschen, löschen, löschen

Sie haben vielleicht schon mitbekommen, dass ich ein großer Freund des Löschens bin. Natürlich können nicht alle Dokumente gelöscht werden, aber meistens mehr, als man denkt. Idealerweise treffen Sie jedes Mal eine aktive Entscheidung, wenn Sie ein Dokument bearbeiten.

Die wichtigste Frage ist dabei immer: „Was passiert, wenn ich dieses Dokument lösche?"

Wenn die Antwort „Nichts!" lautet und Sie das Dokument nicht später noch einmal benötigen, löschen Sie es sofort. Das gilt übrigens auch für Papierdokumente. Die kommen dann in den realen Papierkorb.

Die bei E-Mails eingeführte „Eins minus zwei"-Regel sollten Sie auch bei Dateien und Papierdokumenten konsequent umsetzen. Wenn Sie jedes Mal beim Ablegen eines Dokuments sofort zwei Dokumente in diesem Ordner löschen, haben Sie ein perfekt funktionierendes Ausmist-System. Damit werden es nicht täglich mehr, sondern täglich sogar weniger Dokumente.

Idealerweise haben Sie in einem elektronischen Ordner sogar nur so viele Dokumente in einer Liste, wie Sie auf Ihrem Bildschirm auf einmal sehen können. Im Kanban nennt man das das „WIP-Limit". WIP steht dabei für „Work in Progress". Die Idee kommt ursprünglich aus dem Bereich der Aufgabenbearbeitung und hat zum Ziel, dass man nicht den Überblick bei der Fülle an anstehenden Aufgaben verliert. Bei Dokumenten und auch E-Mails habe ich mir aber angewöhnt, mich an dieses WIP-Limit pro Ordner zu halten. Wenn das WIP-Limit erreicht ist, hilft wieder einmal Löschen oder die Optimierung der Ordnerstruktur.

Eine weitere Empfehlung ist die, den Eingang von Papierdokumenten idealerweise so zu digitalisieren, dass Sie so gut wie keine Papierdokumente mehr erhalten. Da meine Frau und ich gern und viel auf Reisen sind, hatten wir die private Herausforderung, wie wir mit der privaten Post umgehen wollen. Früher hatten wir einen Einlagerungsauftrag oder unsere mittlerweile ausgezogene erwachsene Tochter kümmerte sich um unsere Papierpost. Inzwischen haben wir hierfür aber eine hervorragende Lösung gefunden: Wir haben einen dauerhaften Nachsendeauftrag an den Anbieter *Dropscan* eingerichtet. Dieser scannt zunächst nur die Umschläge. Wir haben über eine Webseite den Zugriff auf unser Scan-Postfach und können per Mausklick entscheiden, ob das Dokument vernichtet, eingescannt oder an uns weitergeleitet werden soll. In den meisten Fällen reicht das Vernichten oder das Scannen völlig aus. Die gescannten Dokumente landen dann automatisch über *OneDrive* auf unseren Rechnern. Dort können wir sie dann weiterbearbeiten. Allein schon der Service, dass die Post über diesen Prozess automatisiert gescannt wird, ist schon Gold wert.

  Hier finden Sie ein Video, in dem Sie *Dropscan* im Überblick sehen.

Neben *Dropscan* gibt es noch weitere Anbieter. Das Grundprinzip ist aber bei allen Anbietern ähnlich. Das entstresst nicht nur den Urlaub, sondern auch den Alltag.

Bei den wenigen restlichen Papierdokumenten, die ich erhalte, gibt es bei mir drei Optionen:

1. Die „Rundablage", d. h. den Papierkorb, oder bei vertraulichen Dokumenten, die ich nicht mehr benötige, den Shredder.
2. Die Handablage in einer 10er-Fächermappe mit einem handschriftlichen Deckblatt, z. B. für Programme von Konferenzen, auf die ich gehe. Manchmal ist da Papier übersichtlicher als Elektronik. Vor allem bei Smartphones mit ihren kleinen Bildschirmen. Das Deckblatt beschrifte ich übrigens mit einem weichen Bleistift, denn wegradieren und neu schreiben geht schneller, als ein Deckblatt elektronisch zu verändern.
3. Einscannen in meinen doppelseitigen Einzugsscanner, der auf meinem Schreibtisch steht. Nach dem Scannen werfe ich die eingescannten Dokumente weg. Es gibt mittlerweile – außer z. B. dem Sozialversicherungsausweis und Notarverträgen – immer weniger Dokumente, die Sie im Original aufbewahren müssen.

Lösung für Problem 2: Schaffen Sie sich ein individuelles Ablagesystem

Wenn Sie Ihre Dokumente idealerweise alle digital vorliegen haben und auch regelmäßig löschen, bleibt trotzdem immer noch eine Menge an Dokumenten übrig. Umso wichtiger ist es, dass Sie hierfür ein Ablagesystem haben, das für Sie und die Menschen, mit denen Sie zusammenarbeiten, passend ist. Es gibt nicht *das* optimale Ablagesystem, aber es gibt einige Punkte bei der Entwicklung Ihres Ablagesystems, die Sie beachten sollten:

▷ Ein einziger Ablageordner macht in der Regel keinen Sinn. Aber wie tief sollte eine Ordnerstruktur sein? Idealerweise halten Sie sich pro Unterordner an das oben beschriebene WIP-Limit. Wenn Sie jetzt Bedenken haben, dass Sie zu viele Unterordner erhalten, hilft vor allem Löschen. Erfahrungsgemäß zwingt die Beachtung des WIP-Limits zur Fokussierung.

▷ Idealerweise sollte die Ordnerstruktur auch über alle Ihre Systeme möglichst einheitlich sein. Was heißt das? Wenn Sie die Ordnerstruktur bei E-Mails, Dateien und Papierdokumenten vereinheitlichen, finden Sie und Ihre Vertretung Dokumente und E-Mails meist deutlich schneller und Sie können sich weniger mit dem Ablageort und mehr mit dem Inhalt der Dokumente beschäftigen. Man selbst versteht meist noch seine unterschiedlichen Ablagesysteme. Doch spätestens bei ungeplanten Vertretungen macht ein einfach zu durchschauendes Ablagesystem die temporäre Übernahme deutlich einfacher. Das gilt natürlich auch, wenn Arbeitsbereiche im Unternehmen dauerhaft an andere Personen übergeben werden.

▷ Bei der obersten Ordnerebene empfehle ich, zwischen Aufgaben- und Ablageordnern zu unterscheiden. Was meine ich damit? Mit Aufgabenordnern organisieren Sie die Dokumente, E-Mails und Papierdokumente, die Sie für Ihre eigenen und delegierte Aufgaben benötigen. Ich habe hierzu beispielsweise folgende Unterordner:

– Einen Unterordner pro Wochentag, in den ich Meeting-Einladungen und die Dokumente und E-Mails ablege, die ich an einem bestimmten Tag benötige oder bearbeiten werde. Meeting-Einladungen markiere ich mit einem blauen Fähnchen, Telefonate mit einem gelben und dringende Aktivitäten mit einem roten Fähnchen.

– Einen Unterordner „Nächste Woche", einen „Nächster Monat" und einen „Irgendwann", in die ich, gemäß dem Konzept von „Getting Things Done" von David Allan (mehr dazu z.B. in seinem Buch: „Getting Things Done: The Art of Stress-Free Productivity", als Taschenbuch 2015 bei Penguin erschienen), alle

Aktivitäten-Dokumente und E-Mails verschiebe, die ich noch keinem der Wochentage zuordnen kann.

– Einen Unterordner „Warten", in dem sich alles befindet, wozu ich noch auf eine Antwort warte. Bei größeren Verantwortungsbereichen können hier noch einmal Unterordner pro Projekt oder Team-Mitglied sinnvoll sein.

– Einen Unterordner „Erledigt", einen „Noch zu erledigen durch TJ" und einen mit „Rückfragen" für die Zusammenarbeit mit meinem Assistenten.

▶ Bei den Ablageordnern hängt es vor allem von Ihrem Aufgabengebiet ab, wie Sie Ihre Unterordner strukturieren. Hier gibt es beispielsweise Gliederungsarten, nach

– Projekten,
– Kunden,
– Mitarbeitenden,
– Lieferanten oder
– Tochtergesellschaften.

▶ Eine weitere gute Idee ist die Grobgliederung nach Lebensbereichen. Vor allem, wenn Sie nicht nur berufliche, sondern auch private Dokumente organisieren wollen. Ich habe meine Ablageordner beispielsweise nach dem LIFE-Prinzip untergliedert in

– Leistung (Berufliches und Finanzen),
– Ich (z. B. Sport),
– Familie und Freunde (bei mir u. a. auch das Thema Urlaub) und
– Entwicklung (Trainings, Seminare und Bücher).

Wenn Sie in Teams oder Projekten arbeiten, sollten Sie am Anfang und regelmäßig während der Zusammenarbeit über die Ablagestruktur sprechen. Idealerweise werden Dokumente in Teams nur einmal abgelegt und ein gemeinsamer Zugriff darauf eingerichtet. Das ist sowohl bei E-Mails als auch bei Dokumenten möglich. Am besten ist die gemeinsame Nutzung von Dokumentenbereichen in *MS Teams*. Diese können Sie sogar in Ihrem Dateimanager wie ein Netzlaufwerk anzeigen lassen. Damit verbinden Sie Gewohntes mit neuem Arbeiten.

Hier finden Sie ein Video, in dem Sie sehen, wie Sie *Teams*-Dokumentenbibliotheken in Ihrem Dateimanager anzeigen lassen können.

Lösung für Problem 3: Strukturieren Sie Ihre Projektablage von Anfang an

Die Ablage von Dokumenten in Projekten stellt einen Sonderfall dar, denn einer der Grundwesenszüge von Projekten ist deren zeitliche Begrenzung. Nach dem Ende eines Projekts gibt es drei Arten von Dokumenten wie Dateien, E-Mails und Papier-dokumente, die sich nochmals unterteilen lassen in Ergebnis- und Prozessdoku-mente und in Zwischenstände. Diese wollen miteinander in Einklang gebracht werden.

▸ **Ergebnisdokumente**, wie Softwaredokumentationen, müssen auf jeden Fall erhalten bleiben,
▸ **Prozessdokumente**, wie Adresslisten oder Kanban-Boards, die als Vorlage für weitere Projekte genutzt werden können, sollten auch erhalten bleiben,
▸ **Zwischenstände** können dagegen meist im Nachgang gelöscht werden.

Der wichtigste Trick ist hier, diese Unterteilung von Beginn an +in einem neuen Projekt anzulegen und Dokumente entsprechend abzulegen. Am Ende eines Projekts können Sie dann einfach den Ordner mit den Zwischenständen inkl. aller darin enthaltenen Dokumente löschen, ohne aus Versehen Ergebnisdokumente zu löschen.

Die Welt ist auch hier nicht schwarz-weiß, sondern eher grau. Es kann durchaus sein, dass Sie Zwischenstands-Dokumente auch im Nachgang noch benötigen. Wenn dem so ist, unterteilen Sie innerhalb von Zwischenstands-Dokumenten in Dokumente, die Sie nachher löschen können, und die, die Sie im Nachgang noch benötigen. Am Projektende müssen Sie wieder nicht durch die einzelnen Dokumente gehen, sondern können ganze Ordner archivieren oder löschen.

Wenn Sie sich mit dem Löschen noch etwas schwer tun, verschieben Sie Dokumente in einen Ordner „zum Löschen". Alles was Sie nach einem Jahr aus diesem Ordner nicht herausbewegt haben, können Sie dann getrost löschen.

Idealerweise sollten Sie das in Projekten als Arbeitsgruppe mit einer zentralen Projektablage einrichten. Damit kombinieren Sie gleich zwei Produktivitätshebel: die einmalige zentrale Ablage ohne Redundanz und die radikale Verschlankung der Projektarchivierung im Nachgang. Jeder, der einmal in größeren und längeren Projekten mitgewirkt hat, weiß, wie mühsam es sein kann, sich durch alle Zwischen-stände durchzuarbeiten, bis man die finalen Beschlüsse und Ergebnisse gefunden hat. Auch während eines Projekts wird das Projekt-Reporting so ungemein erleichtert.

Idealerweise kombinieren Sie diese Projektablagestruktur noch mit einem elektronischen Kanban-Board, wie dem Planner von Microsoft 365 innerhalb von *Teams*, mit folgenden Spalten (in der einfachsten Struktur):

▸ „Backlog" (Eingang der zu erledigenden Aufgaben),
▸ „Geplant" (die Aufgaben, deren Erledigung geplant ist),
▸ „In Arbeit",
▸ „Warten",
▸ „Erledigt" (erledigte Aufgaben, die nicht dokumentiert werden müssen) und
▸ „Dokumentiert" (erledigte Aufgaben und Beschlüsse, die dokumentiert werden müssen, um später darauf zugreifen zu können).

Auf den einzelnen Karten innerhalb der Spalten des Kanban-Boards können dann die wesentlichen Dokumente verknüpft werden. Bei einigen meiner Kunden hat der Projektauftraggeber den direkten Zugriff auf dieses Kanban-Board, das dann auch andere Formen des Projekt-Reportings ersetzt. Eigensteuerung und Reporting erfolgt hierdurch in einem einzigen Tool.

Das ist ein wunderbares Beispiel für die intelligente Nutzung neuer Digitalisierungsmöglichkeiten. Das Kanban-Prinzip wurde übrigens 1947 in der Produktion bei Toyota entwickelt. Ein schönes Beispiel dafür, dass es meistens doch sehr lange dauert, bis die Produktivitätstools aus der Produktion auch im Büro eingesetzt werden.

Wenn sich diese Art der Projektablage und Steuerung bei Ihnen bewährt, überlegen Sie doch einmal, wie Sie diese Grundprinzipien auch auf Ihre sonstige Ablage übertragen können. Meistens geht da mehr, als Sie denken.

Tipps und Tricks für Ihre Dateiorganisation

Ganz so aufwendig muss Ihre Dokumentenablage vielleicht nicht immer sein – gerade wenn Sie wenig in Projekten arbeiten. Wenn Sie ein Einzelkämpfer sind, brauchen Sie oft keine so komplexe Projektablagestruktur. Eine Ablagestruktur und konsequentes Löschen sind jedoch immer unverzichtbar.

Auch wenn Sie keine komplexe Projektablage haben, sollten Sie einen Ablageplan haben und diesen für alle Ihre Systeme konsequent befolgen. Darüber hinaus werde ich in diesem Abschnitt einige weiterführende Tipps beschreiben, die auch bei der Projektablage hilfreich sein können.

Tipps zur Organisation der Dateiordner

Wenn Sie Ordner in einer bestimmten Reihenfolge anzeigen wollen, die nicht alphabetisch ist, stellen Sie einfach eine zwei- oder dreistellige Nummern vor den Ordnernamen. Ich habe das beispielsweise für meine Wochentagsordner so eingerichtet, da die Wochentage nicht alphabetisch aufeinanderfolgen. Denken Sie dabei an eine führende 0, sonst kommt die 11 vor der 2. Wenn Sie viele Ordner haben, sollten Sie ggf. auch mit 10er-Schritten arbeiten, damit Sie später noch weitere Unterordner hinzufügen können.

Wenn Sie Ordner häufiger benötigen, müssen sie sich nicht immer durch Ihre Ordnerstruktur durchhangeln. Schieben Sie diese Ordner in Ihre Favoritenordner. Das geht auf allen Systemen per Maus oder auf dem iPad per Finger. Alternativ können Sie meist auch mit der rechten Maustaste auf einen Ordner gehen und dort „zu Favoriten hinzufügen" wählen. Über diesen Weg können Sie Ordner dann auch wieder aus dem Favoritenbereich entfernen.

Achtung: In manchen Systemen (z. B. Outlook) gibt es bei Favoritenordnern die Unterscheidung zwischen „aus Favoriten entfernen" und „Löschen". Damit sollten Sie sehr vorsichtig sein, denn wenn Sie „Löschen" wählen, wird der Ordner nicht nur aus den Favoriten entfernt, sondern auch gelöscht. Meist finden Sie ihn dann noch in Ihrem digitalen Papierkorb wieder, aber wenn dieser so eingestellt ist, dass Sie beim Herunterfahren den Papierkorb löschen, sind die Daten erst einmal weg.

Apropos „erst einmal weg" – bei den meisten Cloud-Speicherdiensten, wie *Dropbox* oder *OneDrive*, haben Sie die Möglichkeit, sich einen Ordner auch online anzusehen. Dort finden Sie dann immer eine Schaltfläche mit den zuletzt gelöschten Dokumenten, die Sie dort dann auch wiederherstellen können. Bei *OneDrive* gibt es sogar zusätzlich zum normalen Papierkorb auf dem PC und dem Online-Papierkorb auf der Webansicht noch einen endgültigen Online-Papierkorb. Dieser kann von Ihrer IT zentral konfiguriert werden, und wenn man ihn mal braucht, ist er Gold wert.

Sie sehen, gelöscht ist meist nicht weg, also seien Sie mutiger beim Löschen. Wenn Sie Mac-Nutzer sind, gibt es mit *Time-Machine* sogar eine einfach einzurichtende automatische Sicherung, die nicht nur Dateien, sondern auch E-Mails automatisch sichert. Das sollten Sie unbedingt so einrichten, falls Sie dies noch nicht getan haben.

Neben Favoriten-Ordnern gibt es in vielen Systemen auch noch „Tags" zur Dateiorganisation. Tags sind wie Kategorien, die Sie mehrfach vergeben können. Wenn Sie Mac-Nutzer sind, finden Sie diese Tags im „Finder" und in der Dateien-App auf Ihrem iPhone und iPad. Es gibt auch einige Drittlösungen, also Softwarelösungen von anderen Anbietern, mit denen Sie Kategorien und Tags zu Ihrer Dateiorganisation hinzufügen können.

Nutzen Sie zur Ablage weitere Organisationsmöglichkeiten

Wenn Sie mehr als die von den Betriebssystemen bereitgestellten Organisationsmöglichkeiten nutzen wollen, gibt es zwei Lösungsansätze:

▷ Dokumentenmanagementsysteme (DMS) und
▷ Customer-Relationship-Management-Systeme (CRM-Systeme).

Dokumentenmanagementsysteme

Bei DMS liegt der Fokus auf der optimalen Archivierung von Dokumenten, sodass sie nach Projekten, Schlagworten und im Volltext organisier- und auffindbar sind. Seit die Suchfunktionen von Windows und MacOS immer leistungsfähiger geworden sind, sind DMS ein Stück weit überflüssig geworden. Allerdings haben DMSs immer noch weitergehende Optionen, die die Bordmittel von Windows und MacOS bei Weitem übersteigen:

▷ Zum einen die Möglichkeit der rechtssicheren Archivierung von Dokumenten. Hier ist vor allem die Unveränderlichkeit von archivierten Dokumenten mit einer Versionsverwaltung hervorzuheben. Cloudspeicher-Dienste wie *Dropbox* oder *OneDrive* haben zwar auch eine sehr leistungsfähige Versionsverwaltung, in der Regel können aber archivierte Dokumente nicht vor Löschen und vor Veränderung geschützt werden.
▷ Zum Zweiten die noch umfangreichere Möglichkeit der Verschlagwortung, bis hin zur Nutzung von KI zur Verschlagwortung. Damit können Dokumente nicht nur nach einem Kriterium, sondern nach einer Reihe von Kriterien abgelegt und wiedergefunden werden.
▷ Zum Dritten haben gute DMS einer sehr gute Outlook-Schnittstelle. Damit können dann E-Mail-Anlagen mit wenigen Mausklicks archiviert werden. Oft ist dann

sogar eine Verknüpfung von E-Mails mit Dokumenten möglich, ohne dass Informationen doppelt abgelegt werden müssen. Das ist vor allem in den Fällen relevant, wenn sowohl die E-Mail als auch deren Anlage(n) archiviert werden müssen. Hier ermöglichen professionelle DMSs den Zugriff über Outlook und das DMS ohne die Daten redundant abzuspeichern.

▷ Last, but not least haben gute DMS auch Workflow-Komponenten, mit denen Sie Abläufe automatisieren können. Gerade bei dokumentenbasierten Abläufen, die sich in Ihrem Unternehmen immer wieder wiederholen, kann das sinnvoll sein. Wenn Sie diese Abläufe auf digitalisierte Formulare umstellen können, ist das noch optimaler (aber gerade bei der Zusammenarbeit mit Externen ist das nicht immer möglich). Wenn Sie beispielsweise Fax-Bestellungen von Baustellen erhalten, kann ein workflowbasiertes DMS diese Dokumente automatisiert auslesen und eine Bestellung im System auslösen. CRM-Systeme haben in der Regel ein integriertes DMS und darüber hinausgehende Kundenkontaktverwaltungs-Möglichkeiten.

Wenn Sie mit Tablets arbeiten, sollten Sie auch darauf achten, dass das DMS auch auf Tablets nutzbar ist. Bei browserbasierten Systemen ist das in der Regel zumindest online möglich. Noch besser ist allerdings eine native App und eine Integration in die Dateien-App Ihres Tablets.

Customer-Relationship-Management-Systeme für Kundendaten

CRM-Systeme enthalten oft ein DMS, haben aber einen anderen Fokus. Die ursprüngliche Idee eines CRMs ist es, kundenbezogene Aktivitäten in einem System im Überblick zu behalten. Dazu gehören auch Dokumente wie Angebote und E-Mails. Smarte CRM-Systeme schaffen es heute, sogar alle Kommunikationskanäle mit Kund*innen, inkl. WhatsApp, in einem System zu organisieren.

Bei den integrierten DMS-Funktionalitäten sind CRM-Systeme in der Regel etwas weniger leistungsfähig als reine DMS. Eine Funktion, die oft fehlt, ist die Möglichkeit des revisionssicheren Archivierens. Bei CRM-Systemen können Kundendokumente oft auch nachträglich noch gelöscht werden.

Dafür haben die CRM-Systeme meist aber noch mehr Verknüpfungsmöglichkeiten als ein reines DMS. So können Sie noch leichter die Kundenkommunikation mit den Dokumenten verknüpfen.

Bei der Auswahl eines CRM-Systems sollten Sie auch darauf achten, dass es eine sehr gute Integration in Ihren Mail-Client hat. Das ist in der Regel *Outlook*.

 In diesem Video sehen Sie einen Überblick über mein CRM-System "Daylite".

Gute CRM-Systeme bieten darüber hinaus auch noch weitere Schnittstellen z. B. zu

- Social-Media-Plattformen wie LinkedIn,
- Kartendiensten, um Kunden im Umkreis zu suchen,
- Newslettersystemen, um Newsletterabonnenten im CRM anzulegen und umgekehrt,
- Fakturierungssystemen, um Rechnungen zu stellen und offene Posten schnell zu erkennen,
- Telefonsystemen, um noch effizienter zu telefonieren, inkl. Anrufer-Erkennung, und
- Online-Formularsystemen, um Informationen zu sammeln.

Bei CRM-Systemen empfehle ich – wie immer – ein System, das Sie zwar auch im Browser, aber vor allem in offlinefähigen Applikationen auf allen Plattformen nutzen können. Somit sind Sie zukunftssicher und auch unterwegs immer arbeitsfähig.

Gerade wenn Sie viele Bestandskunden haben, die manchmal auch längere Zeit nicht bei Ihnen kaufen, ist ein CRM-System Gold wert. Wenn solche Kunden bei Ihnen anrufen, poppt sofort die passende Maske aus dem CRM-System mit der gesamten Kundenhistorie auf.

Wie immer ist jedes System jedoch nur so gut wie die darin enthaltenen Daten. Deshalb gilt auch beim Thema CRM: Relevanz vor Datenfriedhof. Speichern Sie nur relevante Informationen ab und wenden Sie auch hier die „Eins minus zwei"-Regel an. Damit bleibt auch Ihr CRM übersichtlich. Wenn Sie eine E-Mail oder eine Datei im CRM abspeichern, sollten Sie diese in der Regel auch aus dem E-Mail- bzw. dem Dateisystem löschen, außer es arbeiten nicht alle Beteiligten mit dem gleichen CRM.

Apropos „alle arbeiten mit dem gleichen CRM": Auch mit einem CRM kann und sollte teamorientiert gearbeitet werden. Professionelle CRM-Systeme unterstützen auch teambasierte Workflows.

  In diesem Videointerview erfahren Sie noch mehr über die Entscheidungskriterien für ein CRM-System.

Die Top-10-Tipps aus Kapitel 4

▶ Bevor Sie ein Dokument ablegen, prüfen Sie immer, was passieren würde, wenn Sie es löschen.

▶ Wenn Sie ein Dokument ablegen, löschen Sie aus dem Ablageordner immer mindestens zwei Dokumente, die Sie nicht mehr benötigen.

▶ Wenn Sie sich mit dem Löschen von Dokumenten schwertun, nutzen Sie einen „Papierkorb auf Probe", aus dem Sie alle sechs oder zwölf Monate alte Dokumente regelmäßig löschen.

▶ Schaffen Sie sich einen Ablageplan wie in der Buchhaltung und dokumentieren Sie ihn schriftlich.

▶ Wenn Sie Ordner nicht alphabetisch sortieren wollen, ergänzen Sie den Ordnernamen am Anfang mit einer laufenden Nummer.

▶ In Projekten sollten Sie die Ablage ab Beginn in „Ergebnis-" und „Prozessdokumente" und in „Zwischenstände" unterteilen.

▶ Ziehen Sie sich häufig benutzte Ordner in die Favoriten und Schnellzugriffe.

▶ Nutzen Sie Kategorien und Tags, um Dokumente schnell griffbereit zu haben.

▶ Wenn Sie mit einem Dokumentenmanagementsystem arbeiten, muss es auf allen Ihren Systemen nutzbar sein.

Legen Sie kundenbezogene Dateien idealerweise in einem CRM-System ab.

5

Binden Sie moderne Assistenzen optimal ein

Wirklich selbst machen statt übergeben?

Kennen Sie das? Sie sind Führungskraft und kommen gar nicht mehr zu Ihrem Tagesgeschäft. Ihr E-Mail-Posteingang quillt über, und seitdem Ihr Sekretär oder Ihre Sekretärin wegrationalisiert wurde, müssen Sie z.B. auch Ihre Reisen selbst organisieren. Natürlich gibt es die zentrale Reisestelle, aber die behindert eher, als dass sie hilft, und da deren Telefonleitung auch dauernd besetzt ist, geht es letzten Endes schneller, wenn Sie alles allein planen. Auch die Kundentermine koordinieren Sie selbst, und die Meetingräume für Kunden und Team müssen Sie nun auch immer buchen – bis hin zu Kaffee und Keksen. Neulich hatten Sie einmal eine jüngere Kollegin freundlich gefragt, ob sie das übernehmen könne, weil Sie totale Zeitnot hatten. Die Kollegin hat Sie dann aber so richtig rundgemacht, was Ihnen denn einfiele ...

Früher hatten Führungskräfte Sekretärinnen und konnten sich auf das Wesentliche konzentrieren. Die Aufgaben der Sekretäre und Sekretärinnen haben sich im Laufe der Zeit bis hin zur Management-Assistenz weiterentwickelt, und ohne meinen Assistenten wäre ich heute nur halb so produktiv. Heute fallen diese Assistenz-Stellen in vielen Firmen weg. Da wird aus meiner Sicht an der falschen Stelle gespart. Natürlich können auch Führungskräfte mal ihre Reisen buchen und Meetingräume reservieren, aber eben nicht immer, nicht in Vollzeit. Auch viele meiner Kund*innen finden, dass es vielleicht doch nicht so eine gute Idee war, die Sekretäre und Sekretärinnen in ihrem Unternehmen abzuschaffen. Aber das haben die Führungskreise nun mal so beschlossen.

Heute werden Assistenzen oft einfach ersatzlos abgeschafft. Sie werden als Relikt einer alten Arbeitskultur gesehen, die man heute nicht mehr benötigt. Dafür gibt es doch eben jene zentralen Reisestellen, und die Führungskräfte können ja heute selbst mit dem PC umgehen und benötigen keine Hilfe mehr beim Verfassen von Korrespondenz. Da wird dann oft das Kind mit dem Bade ausgeschüttet.

Die drei Hauptprobleme im Zusammenhang mit Assistenzen und ihre Lösungen

Vielleicht sind Sie auch davon betroffen: Die Stelle Ihrer Assistenzkraft wurde gestrichen; Sie sind nun für all die Aufgaben, die er oder sie übernommen hatte, selbst zuständig. Klar, dass dabei Probleme aufkommen. Auch wenn es noch Assistenz-Stellen gibt, werden diese in vielen Unternehmen nicht effektiv genutzt. Diese drei Hauptprobleme sehe ich hier:

1. Ihre Assistenz wird mir nichts, dir nichts wegrationalisiert, doch die entstehende Lücke muss die Führungskraft füllen, die sowieso schon alle Hände voll zu tun hat.
2. Und wo es noch eine Assistenz gibt, wird sie für Tätigkeiten eingesetzt, die unter ihren Fähigkeiten liegen. Und dann abgeschafft, weil sie ja nichts „bringt".
3. Immer wiederkehrende Vorgänge werden dabei nicht automatisiert, sondern müssen von der Assistenz auch immer wieder ausgeführt werden.

Problem 1: Assistenzen-Stellen werden abgeschafft, ohne Alternativen anzubieten

Natürlich muss heute nicht mehr wörtlich diktiert und danach dann der entsprechende Brief geschrieben werden, so wie ich das bei meinem Vater und seinem Sekretariats-Pool erlebt habe. Natürlich kann ich mir auch schnell selbst meinen Kaffee in der Kaffeeküche ziehen, und Kopien benötigt man heute auch fast nicht mehr.

Leider ist es bei den Assistenzen so wie bei Führungsebenen: Statt beides produktiv im Unternehmen zu gestalten, werden dysfunktionale Assistenzen und Führungsetagen einfach wegrationalisiert. Weshalb thematisiere ich hier beides? Weil beide Trends zur steigenden Überlastung von Führungskräften führen.

Vor Kurzem las ich von einem Unternehmen, das sogar alle Hierarchiestufen komplett abgeschafft hat. Ich bin ja durchaus ein Freund neuer Führungsmodelle, u. a. auch von dem Konzept der wechselnden und der geteilten Führung. Wenn es durch die Fülle der direkt unterstellten Mitarbeitenden jedoch unmöglich wird, diese überhaupt zu führen, wird eben auch nicht geführt. Da bin ich eher ein Freund der gezielten Führungskräfteentwicklung. Aus meiner eigenen Erfahrung in der langjährigen Führung von Arbeitsgruppen kann ich das bestätigen, was mir mein Vater – ein ehemaliger Top-Manager – einmal sagte: „Für jeden Mitarbeiter benötigst du ca. 10 Prozent deiner Kapazität!" Wenn also eigene Aufgaben auch noch Platz haben sollen, begrenzt das die Führungsspanne auf maximal neun Menschen. Natürlich kann man mehr Mitarbeitende in der direkten Führung haben, aber findet dann noch echte Führung im Sinne von echter Unterstützung der Mitarbeitenden statt?

Meine Erfahrung ist, dass viele Führungskräfte ihre Mitarbeitenden einfach „laufen lassen". Und das führt über kurz oder lang dazu, dass Mitarbeitende das Unternehmen verlassen – bzw. dass sie den Chef verlassen –, denn Mitarbeitende verlassen keine Unternehmen, sondern Vorgesetzte. In Zeiten des Fachkräftemangels kann sich das kein Unternehmen mehr leisten.

Ist Führung „oldschool"? Nein! Auch heute brauchen jüngere Mitarbeitende noch Führung im Sinne von Unterstützung. Mitarbeitende, die z.b. während der Pandemie eingestellt wurden, fühlten sich in der ersten Zeit oft verloren, da auch die Vorgesetzten häufig in ihren ersten Monaten krank waren. Viele waren kurz davor, in der Probezeit zu kündigen. Seit die Führungskräfte wieder da waren, stieg ihre Zufriedenheit deutlich, denn sie erhielten von diesen regelmäßig konstruktives Feedback, Förderung und Herausforderungen. Führung ist somit genial.

Wenn Führungskräfte selbst keine Führung mehr erhalten, zu viele Mitarbeitende führen müssen und dann auch noch administrative Tätigkeiten selbst ausführen müssen, konzentrieren sie sich zwangsläufig auf die Tätigkeiten, bei denen sie intern den besten Eindruck machen. Zeit, um Mitarbeitende zu Top-Ergebnissen zu coachen, bleibt häufig nicht. Dann muss die Führungskraft selbst ran. Was ich da oft in Unternehmen sehe, sind überbezahlte Sachbearbeitende, die im, aber nicht am Unternehmen arbeiten. Deren Mitarbeitende fühlen sich verloren und die Wechselbereitschaft steigt massiv. Da wird an der falschen Stelle gespart.

Problem 2: Noch vorhandene Assistenzen werden nicht produktiv eingesetzt

Wenn es in Unternehmen noch Assistenzen gibt, nehme ich oft wahr, dass diese völlig unproduktiv genutzt werden. Da gibt es dann immer noch den Klassiker, dass Chefs wörtlich diktieren oder ihre eigene IT-Inkompetenz durch Assistenzen ausbügeln lassen. Das meine ich definitiv nicht bei meinem Plädoyer für die Beibehaltung der Assistenzen.

Heute müssen Mitarbeitende auf allen Ebenen die IT produktiv nutzen können. Nicht nur die Assistenzen. Auch wenn viele IT-Lösungen heute schon fast selbsterklärend sind, sind sie es aber eben nur „fast". Für IT-Fortbildungen wird jedoch in vielen Unternehmen zu wenig Kapazität eingeplant oder es wird der IT überlassen, die User zu schulen. Meist ist hier dann zwar die entsprechende IT-Fachkompetenz vorhanden, aber dann fehlt es oft an der didaktischen Kompetenz.

So wie Führung gelernt werden muss, muss auch das Zusammenspiel mit Assistenzen gelernt werden. Zum Glück gibt es hierfür sehr gute Trainingsangebote für die Assistenzen. Bisher habe ich aber noch kein entsprechendes Seminar für Führungskräfte gesehen. Wenn die Assistenz nicht das Standing hat, die im Seminar gelernten Punkte mit der Führungskraft durchzusetzen, wird die Umsetzung schwierig. Andersherum wäre es einfacher.

Assistenzen werden auch selten weiterentwickelt. Da werden Assistenzstellen wegrationalisiert, weil es heißt, die Assistenzen seien den steigenden Anforderungen nicht gewachsen. Ich nehme eher wahr, dass die Assistenzen viel ungenutztes Potenzial haben, was aber von den Vorgesetzten nicht gesehen und nicht gefördert wird.

Assistenzen können heute so viel mehr sein als die „Vorzimmerdamen" von früher. Ihre Ausbildung befähigt sie dazu, als rechte Hand ihrer Führungskraft zu fungieren. Sie haben alle Kunden und Termine im Kopf, sind gewandt am Telefon und per Mail und arbeiten eigenverantwortlich. So nehmen sie der Führungskraft kompetent viel „Doing" ab und halten ihr den Rücken frei für die Führungsaufgaben. Sie halten das Team zusammen und überzeugen meist durch hohe soziale Kompetenz. Und doch setzt man sie oftmals nicht gemäß ihrer Fähigkeiten ein und streicht dann ihre Stellen, weil sie ja „einfach durch Office-Programme" ersetzt werden können.

Problem 3: Die Möglichkeiten zur Automatisierung werden nicht genutzt

Ein weiterer Bereich, in dem ich ein enormes Produktivitätspotenzial sehe, ist der Bereich der Automatisierung. Ich erkenne immer noch zu viele Tätigkeiten in Unternehmen, die von Mitarbeitenden immer wieder aufs Neue ausgeführt werden, obwohl es dafür längst Automatisierungslösungen gibt.

In der Vergangenheit konnte ich das noch verstehen, da doch der eine oder andere Bereich etwas zu großzügig mit Personal ausgestattet war. Hier gab es berechtigte Ängste, dass man sich selbst durch Automatisierung wegrationalisieren könnte. Heute nehme ich eher Personalmangel wahr, und für viele Unternehmen ist das mittlerweile eine Wachstumsbremse. Spätestens jetzt sollte man sich Gedanken darüber machen, wie man mehr Geschäft mit dem gleichen Personalbestand abwickeln kann. Hierzu gibt es neben dem Thema „Assistenz in menschlicher Form" den Hebel der digitalen Assistenz: die Automatisierung.

Ein Beispiel hierzu, das Sie bestimmt nachvollziehen können: In vielen Unternehmen werden im Rahmen des Monatsabschlusses Belege von Online-Bestellungen und Services mühevoll zusammengesucht. Da fehlen dann Tankbelege, Amazon-Rechnungen und Telekommunikationsbelege. Scheinbar wird hier sogar digital gearbeitet. Ich höre immer wieder: „Aber das machen wir schon digital. Wir laden uns die Telekom-Rechnung von der Seite der Telekom digital herunter." Das ist ein wunderbares Beispiel einer 1:1-Umsetzung eines analogen Prozesses in einen digitalen Prozess. Der ehemalige Chef der Telefónica Deutschland, Thorsten Dirks, machte im Jahr 2015 auf dem Wirtschaftsgipfel der *Süddeutschen Zeitung* seinem Unmut über schlechte Digitalisierungsprojekte mit folgendem Zitat Luft: „Wenn Sie einen Scheißprozess digitalisieren, dann haben Sie einen scheiß digitalen Prozess."[2]

Mittlerweile gibt es hervorragende Lösungen, mit denen digitale Belege automatisiert mit Kreditkartenkonten abgeglichen werden können. Die Systeme sind sogar so intelligent, dass sie selbstständig Amazon-Händler anmailen, wenn Rechnungen zu Bestellungen noch fehlen. Wenn ich solche Systeme in Unternehmen oder sogar in Steuerberatungen vorstelle, blicke ich oft in erstaunte Gesichter.

Ende 2022 wurde mit dem offiziellen Start von *ChatGPT* das Thema Künstliche Intelligenz für breitere Anwendungskreise leichter zugänglich gemacht. „GPT" steht für „Generated Pre-Trained Transformer" und ist ein textbasiertes Dialogsystem. Microsoft integriert KI mit Hochdruck in seine Microsoft-365-Welt. In der unternehmerischen Praxis nehme ich aber selten wahr, dass diese bereits vorhandenen Tools effektiv genutzt werden.

Da werden immer noch Verlaufsprotokolle manuell erzeugt, während es dafür schon lange Ergänzungsmodule in allen gängigen Videokonferenztools gibt. Die Essenz daraus zu generieren und dann für die Umsetzung zu sorgen: Das wäre eine sinnvolle Aufgabe der Assistenz! Stattdessen wird deren Kapazität mit stumpfen Sekretariats-Aufgaben verschwendet. Das ist also noch ein Beispiel für unser Problem 2 von oben.

Leider werden in vielen Unternehmen die bestehenden Abläufe nicht konsequent genug regelmäßig hinterfragt. Es wird zu viel *im* Unternehmen statt *am* Unternehmen gearbeitet. Da fällt mir immer wieder das alte Bild der beiden Holzfäller mit der stumpfen Säge ein, die auf die Frage „Weshalb schärft ihr nicht die Säge?" antworten: „Keine Zeit!" Sie haben diese Geschichte schon sicherlich tausendfach gelesen und gehört. Und genau nach dieser Devise wir in vielen Unternehmen gearbeitet! Manchmal sind wir eben Wissensriesen und Umsetzungszwerge.

Was also tun, wenn Assistenz-Stellen einfach wegrationalisiert werden?

Hier noch mal die Probleme im Überblick:

▸ Problem 1: Assistenzen-Stellen werden abgeschafft, ohne Alternativen anzubieten
▸ Problem 2: Noch vorhandene Assistenzen werden nicht produktiv eingesetzt
▸ Problem 3: Die *Möglichkeiten zur Automatisierung werden nicht genutzt*

Lösung für Problem 1: Nutzen Sie Virtual Private Assistants (VPAs)

Assistenzen, wie sie heute oft in Unternehmen genutzt werden, machen wirklich keinen Sinn. Richtig eingesetzte Assistenzen sind aus meiner Erfahrung jedoch ein extremer Produktivitätshebel für Führungskräfte. Von daher mein klares Plädoyer für produktive Assistenzen: Assistenzen sollten in jedem Unternehmen fest eingeplant werden. Dabei gibt es keine Untergrenze. Oft höre ich das Argument „Wir sind doch ein kleines Unternehmen und da kann ich mir eine Assistenz inkl. Urlaubsvertretung nicht leisten." Das Argument ist auch richtig, wenn ich in der klassischen Welt des Angestelltenwesens denke. Wenn Sie vielleicht im Homeoffice arbeiten, haben Sie sicherlich auch gar kein Büro für eine Assistenz. Nur – müssen Assistenzen immer festangestellt in einem Büro sitzen und muss dafür auch immer eine zweite Vertretungskraft eingestellt werden?

Mit Virtual Private Assistants (VPAs) können auch Einzelunternehmende externe Assistenzdienstleistungen flexibel nutzen. Es muss nicht gleich ein Vollzeitkontingent dafür gebucht werden. Ich habe beispielsweise ein Monatskontingent von 30 Stunden bei meinem VPA-Dienstleister *Strandschicht* fix gebucht und nutze den VPA seit 13 Jahren. (Er sitzt im Homeoffice in Osteuropa.) Wenn ich mehr Stunden benötige, kann ich jederzeit hochskalieren. Wenn mein Assistent in Urlaub geht oder krank ist, erhalte ich automatisch einen Ersatz-VPA von *Strandschicht*. Auch dessen Qualität ist hervorragend – wenn man ihn sauber brieft.

Den Einsatz von Virtual Private Assistants (VPAs) sehe ich noch viel zu selten. Spätestens seit dem Buch „Die 4-Stunden-Woche" von Timothy Ferriss sollte das Konzept der VPAs bekannt sein. Ich staune immer wieder, dass viele dieses Konzept nicht kennen.

Bitte verstehen Sie mich nicht falsch. Ich plädiere nicht für das Ersetzen von Sekretären oder Sekretärinnen durch VPAs, aber für eine sinnvolle Ergänzung in Zeiten von Personalknappheit und für einen 24/7-Service. Ich kenne sogar angestellte

Führungskräfte, die einen VPA privat bezahlen, um sich Zeit für Führungsaufgaben freizuschaufeln. Mein VPA ist beispielsweise ein promovierter Betriebswirt. Von daher steckt im Thema Assistenz aus meiner Sicht ein enormes Produktivitätspotenzial.

Mit externen VPAs sind Sie sehr flexibel und Sie müssen diese auch nicht führen, sondern nur genau instruieren. Natürlich helfen auch Grundprinzipien guter Führung bei der Zusammenarbeit mit VPAs.

In größeren Organisationen machen in der Regel eigene Assistenzen mehr Sinn, da diese meist noch näher am Unternehmen sind und der persönliche Kontakt in Bürosettings wichtig für Menschen ist. Doch auch hier können Engpässe mit VPAs überbrückt werden.

Ein weiterer Denkansatz ist die Weiterentwicklung von Assistenzen. So können einfachere Tätigkeiten, wie das Buchen von Reisen, an VPAs ausgelagert werden, um Kapazität für anspruchsvollere Aufgaben zu schaffen. Damit entwickeln Sie die Assistenz weiter und erhöhen die Produktivität des gesamten Unternehmens. Wenn Sie jemanden haben, der eine Aufgabe zu einem niedrigeren Stundensatz als Ihrem erledigen kann, und Sie diese Zeit teurer verkaufen oder wertschaffender nutzen können, sollten Sie das tun – auf allen Ebenen der Organisation.

Lösung für Problem 2: Entwickeln Sie Ihre Assistenz weiter

Ich sprach es vorhin bereits an: Es gibt Seminare für Assistenzen, die sich mit der optimalen Zusammenarbeit zwischen Vorgesetzten und Assistenzen beschäftigen. Ich kann diese Seminare sehr empfehlen und habe dazu zwei Ergänzungen:

Wenn Sie ein gutes Verhältnis zu Ihrer Assistenz haben, gehen Sie doch gemeinsam zu diesem Seminar. Dann können Sie die im Seminar angebotenen Tipps gleich in die Umsetzung bringen und sparen sich das „Stille-Post-Syndrom" im Nachgang. Bitte aber nur, wenn das für Ihre Assistenz auch „okay" ist, denn natürlich ist man weniger frei, wenn Vorgesetzte mit am Tisch sitzen.

Wenn Ihre Assistenz allein an einem solchen Seminar teilnimmt, sollten Sie sich unbedingt schon vorher einen Termin in Ihren beiden Kalendern blocken, an dem Sie die Inhalte aus dem Seminar durchgehen und festlegen, was Sie davon in welchen Schritten umsetzen. Zielsetzung sollte immer die möglichst produktive Nutzung Ihrer Assistenz sein. Wenn Sie dazu keine Ideen haben, fragen Sie doch einfach Ihre Assistenz nach ihren Ideen dazu. Als Trainer von Seminaren für die professionelle Assistenz erlebe ich immer wieder sehr smarte Assistenzen, die viel mehr Optimierungspotenzial haben, als ihre Vorgesetzten denken.

Nutzen Sie dieses Potenzial. Sie schlagen damit gleich zwei Fliegen mit einer Klappe: Zum einen erhalten Sie Top-Fachinput, und zum anderem motiviert es die Assistenz, wenn sie gesehen und ernstgenommen wird. Leider erlebe ich das in der Praxis viel zu selten.

Idealerweise machen Sie keine hundertprozentigen Vorgaben, sondern geben Leitlinien und Stichpunkte, die die Assistenz dann eigenverantwortlich ausfüllen kann. Beim Thema „Diktieren" empfehle ich beispielsweise zwei Stufen: Früher wurde Wort für Wort diktiert und mit Fußpedal-Steuerung abgetippt. Ich habe das so bei meinem Vater und seiner Sekretärin erlebt. Stufe eins ist für mich heute das stichwortartige Vorgeben einer E-Mail oder eines Briefes. Stufe zwei ist die Bitte, daraus eine E-Mail mit einem Ziel zu schreiben. Wenn Sie eine Assistenz haben, die das noch nie gemacht hat, sollten Sie mit Stufe eins starten und schrittweise mit verstärkendem Feedback in die Stufe zwei gehen.

Die Kompetenz der Assistenz ist das eine, die der Führungskraft das andere. Wenn Sie als Führungskraft Ihre Assistenz dazu nutzen, Ihre eigenen IT-Unzulänglichkeiten zu kaschieren, sollen Sie an Ihren eigenen IT-Fähigkeiten arbeiten. Das heißt nicht, dass Sie jetzt in den Zehn-Finger-Schreibkurs gehen müssen (wobei ich das als einen großen Produktivitätshebel sehr empfehlen kann), aber sich E-Mails von der Assistenz ausdrucken zu lassen, weil man nicht weiß, wie man sie digital weiterbearbeitet, ist auch keine Option.

Bitte übertreiben Sie es aber nicht. Ich habe schon Führungskräfte erlebt, die komplett ohne PC und Tablets gearbeitet haben und diesen Freiraum für echte Mitarbeiterführung und zur Weiterentwicklung des Unternehmens genutzt haben. Gerade auf Top-Level ist mir das viel lieber als die Führungskräfte, die ihre digitale Post 168 Mal am Tag auf dem Smartphone selbst aufreißen. Von daher sollten Sie sich gerade in digitalen Zeiten die Frage stellen: „Hätte ich das in der analogen Variante gemacht?" Wenn Sie beispielsweise Ihre analoge Post immer von der Assistenz bearbeiten ließen, weshalb öffnen Sie dann Ihre digitale Post selbst?

Lösung für Problem 3: Optimieren Sie Ihre Büroabläufe wie in der Produktion

Eine weitere wichtige Frage, die man immer wieder stellen sollte, ist: „Würden wir das in der Produktion so machen?" In der Produktion wird schon seit über 100

Jahren bis ins kleinste Detail optimiert. Mit Kaizen hat Toyota das Prinzip der permanenten Optimierung in die Produktion gebracht. Wo bleibt das Büro-Kaizen?

Die gute Nachricht: Es gibt Büro-Kaizen. Ebenfalls im GABAL-Verlag sind dazu hervorragende Bücher beispielsweise von Jürgen Kurz erschienen. Der Grundstein von Büro-Kaizen wurde vom Gründer der Firma tempus, Prof. Dr. Jörg Knoblauch, gelegt. Er hatte von seinem Vater mit *Drillbox* eine Firma geerbt, die Bohrerschachteln herstellte. Durch die preisaggressive asiatische Konkurrenz musste er seine Produktionsprozesse immer weiter mit Kaizen-Prinzipien optimieren. Als er feststellte, dass er aufgrund des zu unterschiedlichen Lohnniveaus eine Produktion in Deutschland nicht rentabel würde halten können, verkaufte er *Drillbox*. Die Grundprinzipien, die er aus den Kaizen-Projekten für die laufende Optimierung der Produktion gelernt hat, gibt er seitdem als Büro-Kaizen an seine Kunden weiter. Das haben noch nicht viele Unternehmen so konsequent verstanden. Von daher gehen Sie auch an Bürotätigkeiten mit der Büro-Kaizen-Brille ran. Wie immer gilt hier: „Erst Hirn einschalten, dann Technik!"

Bevor Sie sich neue digitale Tools ansehen, sollten Sie sich die folgenden Fragen stellen:

▷ Müssen wir diese Aufgabe überhaupt erledigen oder können wir sie einfach ohne Konsequenzen streichen?
▷ Können wir diese Aufgabe massiv vereinfachen, um die Komplexität zu reduzieren, und wenn ja, wie?
▷ Kann die Aufgabe automatisiert werden? Wenn noch nicht, was müssen wir dafür an unseren Prozessen ändern?
▷ Wie müssen wir unsere Mitarbeitenden und unsere Systeme weiterentwickeln, um die neuen Prozesse zu implementieren?

Ein gutes Framework hierfür ist das Konzept der **Strategy Map** von Robert S. Kaplan und David P. Norton. Es ist die Weiterentwicklung der Balanced Scorecard und stellt nacheinander die folgenden Fragen:

▷ Welche finanziellen Ziele müssen wir erreichen, um unsere Anteilseigner zu begeistern, sodass sie noch mehr in uns investieren?
▷ Welche Kundinnen und Kunden müssen wir dafür mit welchen Angeboten wie begeistern?
▷ Welche Prozesse müssen wir wie optimieren, streichen oder neu schaffen, um die Angebote für die Kunden bereitzustellen?
▷ Wie müssen wir die Mitarbeitenden und die Systeme weiterentwickeln, um diese Prozesse bereitzustellen?

Manchmal kann es durchaus auch Sinn machen, die Fragen andersherum zu stellen, um zu sehen, welches Potenzial neue Technologien haben, um die Produktivität im Unternehmen zu steigern. Bei *ChatGPT* als neue KI-Technologie kann man beispielsweise folgende Fragen stellen:

▸ Was kann *ChatGPT* heute und voraussichtlich in naher Zukunft?
▸ Wie können wir damit welche Prozesse im Unternehmen optimieren?
▸ Wie können wir mit diesen optimierten Prozessen unsere Kundinnen und Kunden noch profitabler begeistern?
▸ Wie können wir dadurch unsere Rentabilität als Unternehmen steigern?

In der Produktion werden diese Fragen schon immer in beide Richtungen gestellt. Es wird Zeit, dass das Büro hier nachzieht.

Tipps und Tricks für den Einsatz moderner Assistenzen

Wohl dem, der noch eine Assistenz hat – er oder sie kann die folgenden Tipps und Hinweise nutzen, um die Assistenzkraft effektiver einzusetzen. Doch auch wem die Assistenz bereits fehlt, findet hier Möglichkeiten, sich dennoch Unterstützung zu holen.

Meine Tipps zu Virtual Private Assistants

So wie Ende November 2022 *ChatGPT* für viele noch neu war, war für mich im April 2007 die „Vier-Stunden-Woche" aus dem Buch von Timothy Ferriss unvorstellbar („Die 4-Stunden-Woche: Mehr Zeit, mehr Geld, mehr Leben») . Ich fand die „Vier-Stunden-Woche" damals so gut, dass ich sie gleich viermal täglich praktizierte. Der Titel des Buches ist natürlich eine Übertreibung, aber einige der Grundprinzipien aus dem Buch habe ich für mich umgesetzt. Damals war ich noch als angestellter Geschäftsführer für eine Tochtergesellschaft eines amerikanischen Konzerns verantwortlich. Das war mein Glück, denn amerikanischen Gesellschaftern ist es egal, wie man seine Ergebnisse erreicht – Hauptsache, man liefert. Von daher hatte ich freie Hand beim Experimentieren. Eins der Konzepte, die ich sehr schnell umgesetzt hatte, war das des VPAs – noch nicht einmal für mich, sondern für eine meiner Mitarbeiterinnen. Die war für das Erstellen von Marktanalysen für Deutschland und die weiteren zwölf Länder verantwortlich, für die ich ebenfalls die Verantwortung trug.

Die Struktur der Marktanalysen hat sie erarbeitet und einmal exemplarisch für Deutschland mit Daten gefüllt. Die relativ langweilige Umsetzung des Ganzen für die anderen zwölf Länder hat dann damals der Anbieter *Get Friday* für uns erledigt.

Get Friday war der erste VPA-Anbieter, den ich, auf Empfehlung von Timothy Ferriss, nutzte. Als dieser jedoch seinen deutschsprachigen Dienst einstellte, wechselte ich zu dem oben bereits erwähnten Anbieter *Strandschicht*.

  Hier finden Sie eine Liste von VPA-Anbietern.

Welchen VPA-Anbieter Sie nutzen, ist letztendlich Geschmacksache. Meine Empfehlung ist aktuell *Strandschicht*: Mit diesem Anbieter arbeite ich schon lange zusammen. Die Firma sitzt in Berlin und die Agenten sind meist in Osteuropa. Dadurch ist die Kostenstruktur auch sehr attraktiv.

Für Spezialjobs kann ich auch sehr die Plattformen *upwork* und *fiverr* empfehlen. Hier können Sie sich Logos erstellen oder Webseiten bauen lassen, um nur zwei Möglichkeiten zu nennen. Für unsere Livestreams lasse ich mir beispielsweise in Indien die Übergangsanimationen, sogenannte Stinger, erstellen. Das ist professionell, schnell und sehr günstig. Ich kenne sogar einige Werbeagenturen, die *fiverr* nutzen, um Unteraufträge zu vergeben. Ich finde das sehr smart, denn die Hauptleistung einer Werbeagentur ist aus meiner Sicht, den Kunden richtig gut zu verstehen und seine Angebote möglichst gut zu vermarkten.

Ähnlich sehe ich das auch beim Thema KI: KI wird Menschen nicht ersetzen, aber Menschen, die KI (oder eben auch VPAs) nutzen, werden einen deutlichen Vorsprung gegenüber Menschen haben, die diese Werkzeuge nicht nutzen.

  Hier finden Sie eine Liste von Dienstleistern im Internet.

Meine Lieblingstools und -apps für das Zusammenspiel mit der Assistenz

Wenn Sie und Ihre Assistenz in einem Büro sitzen, ist die Zusammenarbeit relativ einfach. Sie können quasi per Zuruf arbeiten. Das wird aber bereits schon schwieriger, wenn Sie in separaten Büros arbeiten. Da das meistens der Fall ist, sollten Sie idealerweise einen digitalen Werkzeugkasten nutzen, mit dem Sie optimal zusammenarbeiten können.

Wie Sie aus den vorherigen Kapiteln wissen, sollten Sie vor allem für folgende Bereiche gemeinsame Plattformen haben:

- Termine,
- E-Mails,
- Reisen,
- Chats,
- Dateien,
- Projektübersichten,
- Aufgaben und
- Notizen.

Für den Bereich „Termine und E-Mails" empfehle ich den Vollzugriff der Assistenz auf das *Exchange*-Postfach der Führungskraft. Wenn es wirklich vertrauliche Informationen gibt, die die Assistenz nicht sehen darf, lässt sich ein weiteres Direktpostfach einrichten, auf das die Assistenz keinen Zugriff hat. An dieses Postfach kann dann beispielsweise die Personalabteilung E-Mails senden, die die Assistenz betreffen. Meiner Erfahrung nach sind dies aber nur sehr wenige E-Mails. Da aber deshalb oft ganze Postfächer nicht an Assistenzen freigegeben werden, ist das zweite Postfach auf jeden Fall eine gute Option. Sie können mittlerweile auf allen Plattformen mehrere E-Mail-Postfächer einrichten.

Zum Thema „Reisen" empfehle ich den Dienst *TripIt*. Die Idee dieses Dienstes ist, dass Sie die per E-Mail erhaltenen Reisebestätigungen von Hotels, Zügen und Flügen einfach (gern automatisiert per Posteingangsregel) an *TripIt* weitermailen. Anhand Ihrer Absenderadresse werden dann die Reiseinformationen in einen Internetkalender eingetragen, den Sie in dem individuellen *Outlook*-Kalender und in Ihren Tablet- und Smartphone-Kalendern abonnieren können. In der Praxis heißt das, dass die Assistenz z. B. eine Buchungsbestätigung der Lufthansa an *TripIt* weiterleitet und ein paar Sekunden danach alle Flugzeiten und Daten im Kalender der Führungskraft erscheinen. In der *TripIt*-App findet die Führungskraft auch alle weiteren Buchungsdetails und weiteren Informationen zu den Reiseorten.

  Hier finden Sie ein Video, in dem die Nutzung von *TripIt* erklärt wird.

Für die anderen Bereiche empfehle ich idealerweise die Nutzung von *MS Teams*. Wenn die Assistenz und die Führungskraft ein gemeinsames Team nutzen, können viele E-Mails durch Chats und Planner-Kanban-Boards ersetzt werden. Mittlerweile kenne ich einige Arbeitsgruppen, die fast ausschließlich über Kanban-Tools kommunizieren. Der große Charme ist, dass beide Seiten immer den Überblick behalten. In *MS Teams* gibt es links oben eine Übersicht neuer Aktivitäten: Wenn Sie dort auf eine neue Aktivität klicken, in der Sie erwähnt bzw. getaggt wurden (mit einem @ vor Ihrem Namen), springt das System sofort in den entsprechenden Bereich.

Ein gemeinsames *OneNote*-Notizbuch innerhalb von Teams erspart auch viele Ping-Pong-Mails. *OneNote* können Sie übrigens auch nutzen, selbst wenn Sie kein Microsoft 365 haben. Einige Unternehmen verwenden das schon quasi als *MS-Teams*-Ersatz.

Wenn Sie kein Nutzer von Microsoft 365 sind, empfehle ich Ihnen, sich einmal *Meistertask* anzusehen. Das ist ein sehr übersichtliches Kanban-Board-Tool, das sogenannte Automationen anbietet. Damit können Sie beispielsweise eine E-Mail auslösen, wenn etwas in einer Spalte neu angelegt wird. Den QR-Code dazu finden Sie in Kapitel 1.

Zum Schluss noch ein kleines, aber feines Tool für Apple-Watch-User: Mit der App *Just Press Record* können Sie eine Sprachnachricht einfach aufsprechen. Wenn Sie auf „senden" tippen, wird diese umgehend an die voreingestellte E-Mail Ihrer Assistenz gemailt. Denken Sie aber immer daran, dass Lesen immer schneller geht als Hören. Von daher können Sie auch gern eine Notiz in einem Planner-Board in *Teams* per Diktierfunktion hinzufügen.

Am Anfang fühlen sich neue Abläufe immer etwas ungewohnt an, aber Sie werden auf Dauer mit mehr Produktivität und Zufriedenheit in Ihrer Arbeitsgruppe belohnt. Es lohnt sich!

Die besten Automatisierungstools

Neben den gemeinsam genutzten Plattformen bin ich auch ein Freud von Automatisierungsdiensten. Für die Automatisierung von Buchhaltungen kann ich zwei Tools besonders empfehlen: *GetMyInvoices* und *Candis*.

Bei **GetMyInvoices** hinterlegen Sie einmalig Ihre Portale, von denen Sie regelmäßig Belege herunterladen, wie Amazon, Telekom oder Deutsche Bahn. Wenn Sie alle Portale verbunden haben, lädt *GetMyInvoices* automatisch alle Belege von diesen Plattformen. Das Tool erkennt sogar, wenn noch Belege fehlen, und fordert diese automatisiert an.

Die in *GetMyInvoices* zusammengeführten Belege können Sie dann über die DATEV-Connect-Schnittstelle an Ihre Steuerberatung online übergeben. Das passiert automatisch im Hintergrund, ohne dass Sie etwas tun müssen. Am besten sprechen Sie dazu einmal Ihre Steuerberatung an, denn beide Seiten profitieren davon.

Candis ist ergänzend für alle Firmen interessant, die viele Eingangsrechnungen mit Skonto zahlen könnten und durch lange interne Laufwege hohe Skontoverluste haben. Ich kenne das noch gut aus meiner Zeit bei Tchibo Café Service. Bis die Rechnung zur Zahlung angewiesen wurde, war die Skontofrist meist bereits abgelaufen. Bei *Candis* können Sie Eingangsrechnungen auf der Basis von Regeln automatisiert an Verantwortliche weiterleiten. Das System erinnert auch, wenn Freizeichnungen noch fällig sind. Bei vielen Skontoverlusten amortisiert sich das System sehr schnell.

Wenn Sie neue Systeme einführen, sollten Sie auch immer darauf achten, dass diese möglichst viele Schnittstellen zu anderen Systemen haben, die Sie im Einsatz haben. Im Buchhaltungsbereich ist das die DATEV-Connect-Schnittstelle. Viele andere Systeme haben eine sogenannte Application Programming Interface (API), über die Sie mit anderen Programmen darauf zugreifen können.

Wenn Ihre Systeme keine direkte Schnittstelle haben, sollten Sie darauf achten, dass idealerweise der Dienst *Zapier* unterstützt wird. Die Idee von *Zapier* ist eine Datendrehscheibe, die alle Systeme verbinden kann, die eine *Zapier*-Schnittstelle haben.

Eine Alternative zu *Zapier*, vor allem im privaten Bereich, ist *IFTTT*. Das steht für „If This Than That". Die Idee bei *Zapier* und *IFTTT* ist die gleiche: Ein sogenannter Trigger (Auslöser) löst eine Aktion in einem anderen System aus. Mit diesen Diensten können Sie beispielsweise einen Post, den Sie auf Facebook posten, automatisch auch auf Twitter veröffentlichen.

STICHWORT „Social Media". Einen Großteil Ihrer Social-Media-Aktivitäten können Sie an Ihre Assistenz übergeben oder automatisieren. Mit Diensten wie dem *Social Poster* können Sie einen Social-Media-Redaktionsplan erstellen und diesen automatisiert in den verschiedenen sozialen Netzwerken posten.

·Auch das von mir selbst genutzte Microsoft 365 hat mit **Automate** eine eigene Automatisierungskomponente. Aktuell ist diese noch etwas sperrig zu bedienen, aber spätestens mit der Integration von KI-Services wird die Nutzung auch dieser Automatisierungsmöglichkeiten immer leichter. Es lohnt sich, hier die Weiterentwicklungen im Auge zu behalten und mehr und mehr zu nutzen.

Hier finden Sie einen kurzen Videoüberblick zu Microsoft *Power Automate.*

Die Top-10-Tipps aus Kapitel 5

▹ Es gibt keinen guten Grund, auf Assistenzen zu verzichten.
▹ Wenn Sie ein kleines Team oder ein Solopreneur ohne Büro sind, nutzen Sie VPAs.
▹ Geben Sie Ihrer Assistenz immer den vollen Zugriff auf alle Ihre Daten und Systeme. Der Produktivitätsvorteil ist immer größer als das Sicherheitsrisiko.
▹ Lassen Sie auch Ihre E-Mails von Ihrer Assistenz vorbearbeiten.
▹ Übergeben Sie auch Ihre Social-Media-Aktivitäten an Ihre Assistenz.
▹ Überlegen Sie sich immer: Muss es gemacht werden, und wenn ja, kann es meine Assistenz übernehmen?
▹ Nutzen Sie für Projekte auch externe Services, wie *fiverr* oder *upwork.*
▹ Nutzen Sie *MS Teams* und/oder ein Kanban-Tool für die Kommunikation mit Ihrer Assistenz.
▹ Geben Sie Ihrer Assistenz auch den Zugriff auf Ihr digitales Notizbuch.
▹ Nutzen Sie Automatisierungstools, selbst wenn Ihre Assistenz die Aufgabe übernehmen könnte. Ihre Assistenz kann mehr.

BINDEN SIE MODERNE ASSISTENZEN OPTIMAL EIN

6

Machen Sie das Beste aus Ihren Video-konferenzen

Dead by Meetings?

Kennen Sie das? Sie kommen morgens ins Büro, die Zeit drängt: Schnell noch E-Mails checken und ab ins erste Meeting! Sie haben zwar keine Ahnung, weshalb Sie in diesem wöchentlichen Jour Fixe sitzen, denn es geht da überhaupt nicht um Ihre Themen, aber Sie trauen sich auch nicht, das zu äußern. Es sind eben immer alle da.

Danach geht gleich der Videokonferenzwahnsinn los. Auch hier sind viele an sich „für die Katz". Doch zum Glück kann man während Videokonferenzen seine E-Mails weiterbearbeiten. Mittlerweile sind Sie darin schon sehr geübt, so zu tun, als ob Sie sich etwas notieren, während Sie eigentlich Ihre E-Mails beantworten.

Klasse ist, dass man im Minutentakt von Videokonferenz zu Videokonferenz springen kann. Das Blöde dabei ist, dass mittlerweile viele Konferenzen deshalb auch ohne eine Minute Puffer geplant werden und – wie in der analogen Welt auch – oft überzogen wird.

Was sind die häufigsten Todesursachen der Produktivität in deutschen Büros? „Dead by E-Mails" (DbE) und „Dead by Meetings" (DbM). Beides wird in Unternehmen ohne Nachdenken inflationär gefördert. Der ursprüngliche Sinn von Meetings, in Präsenz oder online, bleibt dabei oft auf der Strecke. Denn an sich sind Treffen von Personen, die gemeinsam an einer Sache arbeiten, doch extrem hilfreich zum Informations-austausch, zum Diskutieren und Lösen von Problemen und für eine wirkungsvolle Entscheidungsfindung, zu der jeder, der involviert ist, dann auch beitragen kann. Das steigert die Motivation der einzelnen Mitglieder ungemein! Missverständnissen kann vorgebeugt werden, und man kann rechtzeitig erkennen, wenn etwas in die falsche Richtung läuft. Nicht zuletzt geht es auch darum, gemeinsam die Werte und Über-zeugungen des Unternehmens zu erleben und zu erfahren, was der Führungskraft als Stellvertretung des Unternehmens wirklich wichtig ist. Die soziale Komponente ist wichtiger, als wir manchmal glauben.

Durch das gehäufte Ansetzen von Meetings wird deren ursprünglich gute Idee leider konterkariert. So wie beim Thema „Post" das digitale Format die Produktivität nur scheinbar steigert, ist das auch bei Meetings. Doch nicht nur die schiere Masse führt zum Sinn- und Zweckverlust: Während Präsenzmeetings wenigstens noch einiger-maßen im Voraus geplant und vorbereitet werden müssen (denken Sie an Raumre-servierung, Abfrage, ob alle im Büro sind ...), können Videokonferenzen ah hoc einberufen werden, am PC oder Laptop ist jeder ja immer verfügbar. Immer und überall. Und wenn schlechte Präsenzmeetings als Videokonferenz durchgeführt werden, bekommt man noch schlechtere Videokonferenzen. Weshalb ist das so?

Die drei Hauptprobleme der digitalen Meetings und ihre Lösungen

Hier geht es also um Onlinemeetings – um die seit der Pandemie überhand nehmenden Videokonferenzen via *Zoom, Skype, MS Teams* & Co. Dass hier nicht immer alles rundläuft, hat jeder schon gemerkt. Wir befassen uns auch hier mit den drei Hauptproblemen:

1. Lieber zu viele als zu wenige Teilnehmende – das mag für einige Onlinemeetings gelten, trifft für die meisten aber nicht zu. Hier werden Zeit und Ressourcen verschwendet.
2. Das aufmerksame Zuhören und Zusehen wird oftmals durch teilweise abenteuerliche Kameraeinstellungen und unterirdisch schlechte Tonqualität erschwert.
3. Und wenn wir dann doch die Möglichkeiten unserer Konferenzsoftware nutzen, dann meist nur, um unser Vorgehen in der analogen Welt 1:1 in die digitale zu übertragen.

Problem 1: Videokonferenzen sind oft schlecht geplant und organisiert

Präsenzmeetings und Videokonferenzen haben eine große Gemeinsamkeit: Sie werden in der Praxis einfach angesetzt, ohne darüber nachzudenken, wer sich in welcher Form zu welchem Ziel wie lange abstimmen sollte. Bei Videokonferenzen ist es sogar noch einfacher, große Teilnehmerkreise einzuladen. Videokonferenzeinladungen erinnern mich oft an „CC-E-Mails": Bloß keinen vergessen, der sich auf den Schlips getreten fühlen könnte. Lieber zu viele Mitarbeitende einladen als zu wenige.

Das gilt sowohl für einmalige als auch für sich wiederholende Meetings. Bei Videokonferenzen steigt die Produktivität natürlich durch die entfallende Reisezeit. Aber sind Videokonferenzen immer die produktivste Art, den Tag zu füllen? Ich glaube nicht. Leider wird viel zu selten gefragt, ob ein Meeting überhaupt und wenn ja, in welcher Form stattfinden sollte.

Die Gegenbewegung zur Meeting-Mania haben Sie sicherlich auch schon auf LinkedIn verfolgt: das Abschaffen von Meetings! Ich finde, es macht durchaus Sinn, sich einmal die Frage zu stellen, was passiert, wenn man bestimmte Meetings abschafft. Das komplette Abschaffen von Meetings ist für mich aber, wie das Abschaffen von E-Mails, wenig zielführend.

In vielen Unternehmen ist der Unterschied zwischen verschiedenen Meeting-Formaten unklar. Da werden dann gern Status- und Ideenfindungsmeetings miteinander gemixt. Dadurch gibt es keinen klaren Meeting-Fokus. Durch die Vermischung des Meeting-Fokus werden meist auch zu viele und zu unterschiedliche Teilnehmende zu Meetings eingeladen, und in der digitalen Form noch mehr. Natürlich gibt es manchmal auch die Notwendigkeit, einen breiten Teilnehmerkreis einzuladen. Manchmal braucht man für verschiedene Themen eines Meetings unterschiedlichen Input. Die Frage ist nur, ob diese Teilnehmenden dann im ganzen Meeting mit dabei sein müssen. Und diese Teilnehmenden sind dann oft nur mit einem Ohr dabei. Statt sich konsequent aus einem Meeting auszuklinken, werden einfach nebenbei E-Mails bearbeitet oder wird sich auf das nächste Meeting vorbereitet. Steigt dadurch die Produktivität? Nein, denn im Gegensatz zu Computern sind wir Menschen allen anderen Meinungen zum Trotz nicht multitaskingfähig. Das belegen aktuelle wissenschaftliche Studien.

Die gute Nachricht: Bei Videokonferenzen erlebe ich es bereits deutlich häufiger, dass Teilnehmende sich ein- und ausklinken und sich bei Bedarf im Nachgang andere Teile in der Aufzeichnung ansehen. Ich erlebe es aber immer noch viel zu selten.

Zudem gibt es auch Selbstverständlichkeiten von Präsenzmeetings, die in Videokonferenzen verloren gehen: Bei Präsenzmeetings fällt unpünktliches Erscheinen sofort auf. Doch selbst wenn – was äußerst unwahrscheinlich ist – alle Teilnehmenden genau zur Meeting-Zeit den Raum betreten, vergeht schnell eine weitere Viertelstunde, bis alle sitzen und jeder wirklich arbeitsbereit ist. In Videokonferenzen ist ein verspätetes Einklinken mittlerweile so gut wie normal, da viele ohne Puffer von einer in die nächste Videokonferenz springen und selbst wenn sie Puffer haben nur selten auf die Minute genau eintrudeln können. Und dann läuft das Meeting in der Regel schon, denn es sitzen ja alle schon an ihrem Platz, wenn sie sich dazuschalten.

In Präsenzmeetings ist es meist üblich, jemanden zu bestimmen, der Protokoll führt. In der digitalen Welt wird dann oft auf die Aufzeichnung verwiesen – aber die sieht sich in der Praxis nie jemand an. Während in einem schriftlichen Protokoll nach einem Thema gesucht werden kann, muss man sich durch die gesamte Aufzeichnung scrollen, um zu seinem Punkt zu kommen.

Problem 2: Schlechte Ton- und Bildqualität machen die Videokonferenz anstrengend

So wie versuchtes Multitasking Menschen auslaugt, laugen auch zu viele Videomeetings Menschen aus. Der Begriff „Zoom-Fatigue" hat es zwar noch nicht in den Duden geschafft, ist aber bereits ein geflügeltes Wort. Viele Menschen sehnen sich wieder nach den guten alten Präsenzmeetings- und -konferenzen zurück, weil die ja so viel besser sind als Online-Formate.

Das liegt zum einen daran, dass wir Menschen soziale Wesen sind und dass bei Online-Formaten der direkte Kontakt und oft auch der zwanglose Plausch an der Kaffeemaschine in der Pause fehlen. Die Fatigue aber liegt zuletzt an einem Punkt, den Videokonferenzen und die täglichen Videomeetings gemeinsam haben: an der oft grottigen Ton- und Bildqualität, die das Nachverfolgen der Inhalte noch um einiges schwieriger macht.

Ich höre immer wieder, dass doch spätestens seit der Pandemie jeder weiß, wie Videokonferenzen professionell durchgeführt werden. Ich sehe jeden Tag das Gegenteil. Hier mal ein kleiner Ausschnitt meiner täglichen Beobachtungen:

Schlechte Bildqualität / Kameraeinstellung

Bei der Nutzung von Notebooks ist die Kameraperspektive so unglücklich von unten gewählt, dass ich im besten Fall nur das Gefühl habe, dass die andere Seite auf mich herabblickt. Das weckt unbewusst unangenehme Erinnerungen an die Schulzeit, wo wir meist saßen und die Lehrkräfte vor uns aufragten. Im schlimmsten Fall kann ich mich gar nicht auf das Meeting konzentrieren, weil ich immer nur die Nasenhaare meines Gegenübers im Blick habe.

Das ist fast noch der bessere Fall, denn oft ist das Gegenlicht durch ein Fenster im Hintergrund so stark, dass das Kamerabild des Gegenübers eher an ein RAF-Fahndungsplakat aus meiner Kindheit erinnert.

Wenn ich dann doch etwas erkenne, sind es oft die unaufgeräumten Homeoffices der Teilnehmenden. Ich habe sogar oft Bügelbretter und zum Trocknen aufgehängte Wäsche im Bild erlebt. In der Praxis wird viel zu selten darüber nachgedacht, wie professionell das Kamerabild wirkt. Gerade wenn die Präsenzkomponente wegfällt, wird das professionelle Bild immer wichtiger.

Viele der eingebauten Webcams sind entweder schlecht oder wie die Kameralinsen von Smartphone-Kameras durch Finger-Tapsen unscharf. Genau da, wo man das Notebook gern aufklappt, sitzt die Webcam. Manchmal hilft da einfach ein Brillenputztuch. Oder auch eine externe Webcam. Darüber hinaus gibt es bei vielen Videokonferenzlösungen in den Einstellungen die Möglichkeit, das Bild in einen HD-Modus hochzustufen. Leider haben viele dieses „Häkchen" noch nicht entdeckt.

 Hier finden Sie ein Video zur Einstellung des optimalen Bilds in *Zoom*.

Schlechte Tonqualität

Noch wichtiger als ein gutes Bild ist ein guter Ton, doch das wird fast immer vergessen. Die meisten hören den Ton in einer Videokonferenz über den PC-Lautsprecher. Das hört sich für die Teilnehmenden selbst in der Regel auch gut an. Das Problem aber ist, dass es häufig zu Audio-Echos kommt. Bestimmt kennen Sie aus größeren Meetings, dass der Ton von irgendwo doppelt mit einem kleinen Zeitversatz bei Ihnen ankommt. Das passiert, weil der Lautsprecherton wieder vom Mikrofon aufgenommen wird. Wenn Sie dann noch eine schwache Internetverbindung haben, sind die Videokonferenzsysteme irgendwann nicht mehr in der Lage, den Echo-Effekt herauszurechnen.

Selbst wenn das Echo herausgerechnet wird, leidet dadurch die Tonqualität immens. Mit eingeschalteter Echo-Unterdrückung haben Sie in vielen Videokonferenzen die Audioqualität eines Telefonats von 1965. Deshalb sagen viele, dass Online-Formate schlecht seien. Der Engpass ist aber oft nicht, dass das Format oder die verfügbare Technik schlecht sind, sondern die nicht gerade professionelle Nutzung. Hand aufs Herz: Nutzen Sie bereits den Originalton-Modus von *Zoom* in Verbindung mit einem guten Headset? Ich erlebe das noch viel zu selten.

Wir unterhalten uns in Deutschland über Web 3.0. In der Praxis erlebe ich häufig Web 0.3.

 Hier finden Sie ein Video zur Einstellung des optimalen Tons in *Zoom*.

Problem 3: Neue Möglichkeiten bleiben ungenutzt

Ich erlebe immer wieder, dass die neuen Möglichkeiten von Videokonferenzsystemen – abgesehen von den oben erwähnten Ton- und Bildeinstellungen – nicht genutzt werden. „Videokonferenz kann doch jeder" – ja, schon, aber allein *MS Teams* bringt jeden Monat ein Update mit kleinen Neuerungen heraus, während die meisten immer noch die Funktionen nutzen, die sie bei ihrer ersten *MS Teams*-Sitzung vor Jahren kennengelernt haben.

Virtueller Hintergrund

Und wenn neue Funktionen genutzt werden, dann meist die falschen. Ich persönlich mag beispielsweise die Golden Gate Bridge als Hintergrund in *Zoom*-Calls wirklich nicht mehr sehen. Die User verwenden hier eine eigentlich gute Funktion, den virtuellen Hintergrund, wählen dafür aber ein Standardbild, das man jeden Tag zehnmal bewundern kann. Mit einem Greenscreen oder zumindest einem einfarbigen Hintergrund wird nicht gearbeitet. Die Bridge führt dann zu den wildesten Verzerrungen und Erscheinungen im Bild – gern vor allem zwischen Kopf und Headset. Oft sehen die Köpfe aus, als wäre ein Helm darauf. Wie gut kann man sich dann auf die Inhalte der Sprechenden konzentrieren? Macht das einen professionellen Eindruck? Dann lieber einen einigermaßen aufgeräumten echten Hintergrund. Für mich ein schönes Beispiel sinnloser Digitalisierung. Wenn digital, dann bitte richtig!

Aufzeichnung

Auch die Möglichkeit der Aufzeichnung von Meetings wird meist nicht smart genutzt. Weder wird das Meeting so aufgeteilt, dass man klar zwischen persönlicher Teilnahme und Nutzung der Aufzeichnung trennen kann, noch wird die Pause-Taste gedrückt. Was heißt das? Ich erlebe oft, dass Meetings einfach komplett aufgenommen werden, statt nur die relevanten Teile aufzuzeichnen. Kein Mensch will sich den Begrüßungsteil und die Verabschiedung in der Aufzeichnung noch mal ansehen. Das zieht alles in die Länge, zumal viele nicht wissen, wie sie Aufzeichnungen in höherer Geschwindigkeit abspielen können.

Wir Menschen können übrigens schneller lesen als hören. Leider wird das bei Videokonferenz-Aufzeichnungen kaum berücksichtigt. So gut wie alle Systeme bieten heute die Möglichkeit einer automatischen Transkription an. Sogar inklusive der Ausgabe in unterschiedlichen Sprachen. Spätestens seit es *ChatGPT* oder *Jasper* gibt, kann man diese Transkripte sogar automatisiert zusammenfassen lassen. Das wäre beispielsweise auch eine smarte Aufgabe einer Assistenz: die Transkripte einer Videokonferenz mithilfe digitaler Tools zusammenzufassen, wenn es erforderlich ist.

In vielen Meetings ist der Verlauf deutlich weniger relevant als die Beschlüsse. Ich erlebe es noch viel zu selten, dass bereits im Meeting eine Person genau diese Beschlüsse auf einem für alle zugänglichen digitalen Kanban-Board für alle Teilnehmenden festhält. Dann ist nämlich am Ende des Meetings das Protokoll und die To-do-Liste für alle fertig. Die vorherrschende Protokollier-Methode ist jedoch immer noch *MS Word* oder *OneNote.* Die Ergebnisse sind dann zwar für alle verfügbar, aber nicht strukturiert.

Neue technische Möglichkeiten erlauben uns neue produktivere Arbeitsmethoden. Doch viele nutzen, wenn überhaupt, die neuen Möglichkeiten, um ihre bisherigen wenig produktiven Arbeitsweisen 1:1 in die digitale Welt zu bringen. Das ist Digitalisierung der Digitalisierung wegen und macht Unternehmen in der Regel unproduktiver. Die Komplexität und die Kosten steigen – genau wie der Frust der Mitarbeitenden. Das ist aus meiner Sicht die Digitalisierungsfalle.

Wie kommen Sie aus dieser Digitalisierungsfalle raus? Wie immer mit den zwei Schritten: „Erst Hirn einschalten – dann Technik einfach nutzen."

Bevor ich Ihnen eine Lösung für jedes dieser Hauptprobleme vorschlage, hier wie immer noch mal die Probleme im Überblick:

▷ Problem 1: Videokonferenzen sind oft schlecht geplant und organisiert
▷ Problem 2: Schlechte Ton- und Bildqualität machen die Videokonferenz anstrengend
▷ Problem 3: Neue Möglichkeiten bleiben ungenutzt

Lösung für Problem 1: Überlegen Sie sich eine strategische Meetingstruktur

Der erste Schritt ist, sich Gedanken über eine strategische Meetingstruktur zu machen. Der Ausgangspunkt hierfür ist die Zielsetzung eines Meetings.

Aus dem agilen Bereich kommt die Idee des **Daily Stand-up-Meetings**. Die Idee ist: Man trifft sich morgens kurz und tauscht sich zu folgenden Punkten aus:

> Woran arbeite ich gerade?
> Wobei brauche ich Hilfe?
> Wobei kann ich helfen, wenn ich noch freie Kapazitäten habe?

Diese Meetingart kann sehr dazu beitragen, die Zusammenarbeit und das Zusammengehörigkeitsgefühl in Teams zu optimieren, da jeder weiß, was jeder im Team macht, und man sich gegenseitig hilft. Wenn die Teilnehmenden auch schon vor dem offiziellen Meetingstart Zeit für etwas persönlichen Austausch haben, steigert das auch den persönlichen Kontakt. Wichtig ist, dass diese Meetings sehr gut strukturiert und moderiert werden, damit sie kurz und effizient bleiben. Länger als 15 Minuten sollte ein solches „Daily" nicht sein.

Idealerweise ersetzt das Daily auch die sonst üblichen wöchentlichen Jour Fixes. In solchen Jour Fixes werden sonst gern auch politische Spielchen gespielt und Informationen auf Folien präsentiert, die man auch selbst lesen kann. Das ist übrigens auch eines der Grundprinzipien von effektiven Meetings: Alle Informationen, die man auch im Vorfeld lesen kann, sollten auch im Vorfeld verteilt und gelesen werden. Dann können alle Beteiligten sich in einer für sie passenden Zeit auf das Meeting vorbereiten, und die Meetingdauer verkürzt sich.

Meetings sind vor allem für den Austausch und die Ideenfindung untereinander wichtig. Reine Informationsvermittlung geht außerhalb von Meetings schneller.

Wenn Sie in Teams arbeiten, in denen es kaum täglichen Abstimmungsbedarf gibt, müssen die Daily Stand-ups natürlich auch nicht täglich, sondern können auch durchaus auf Wochenbasis stattfinden – aber immer mit einer knackigen Struktur. Dann sind dann eben Weekly Stand-ups oder „Weeklys".

In unruhigen Zeiten, wie bei Unternehmenszusammenschlüssen, bin ich ein großer Freund von **Q&A-Meetings**. Die Idee dabei ist, dass es beispielsweise einmal im Monat eine Runde mit der Geschäftsleitung gibt – eventuell nachmittags mit Kaffee und Kuchen –, bei der die Geschäftsleitung ein kurzes Update über die aktuelle Situation gibt (ergänzend zu schriftlichen oder auch Videoinformationen) und dann Fragen beantwortet. Zielsetzung ist hier, Unsicherheiten zu beseitigen und damit Kaffeeküchen-Parolen gar nicht erst aufkommen zu lassen.

Bei größeren Projekten sind **Kick-off-Meetings** sinnvoll, die aber auch gut strukturiert sein müssen. Zielsetzung ist hier, alle mit ins Boot zu nehmen und die grundsätzliche Aufgabenverteilung festzulegen. Solche Meetings machen auch im Rahmen von jährlichen Planungsprozessen oder Ideenfindungsprozessen Sinn.

Bei agilen Teams wird in sogenannten **Sprints** gearbeitet. Hier gibt es immer regelmäßige Sprint-Meetings, in denen festgelegt wird, welche nächsten Aktivitäten von wem abgearbeitet werden, und Retrospektive-Meetings, in denen die Zusammenarbeit im Sprint besprochen wird. Auch in nicht-agilen Szenarien kann diese Art von Meetings durchaus Sinn machen. „Agil" heißt übrigens nicht chaotisch und unstrukturiert. Agil ist im Gegenteil sehr viel strukturierter als andere Arbeitsweisen. Damit schließt sich auch wieder der Kreis zum Daily Stand-up-Meeting.

Bei allen Meetings sollten Sie sich auch immer fragen, ob das Meeting überhaupt stattfinden muss und wenn ja, ob alle Teilnehmenden die ganze Zeit dabei sein müssen oder ob die Agenda so aufgeteilt werden kann, dass Teilnehmende zu bestimmten Agenda-Punkten selektiv dazukommen können. Das gilt sowohl für die analoge als auch für die digitale Welt.

Lösung für Problem 2: Optimieren Sie auf einfache Weise Ihre Videokonferenztechnik

Bei Videokonferenzen werde ich oft angesprochen, weshalb ich ein so scharfes Bild und einen so guten Ton habe. Bei mir ist das vor allem meinen Livestreams geschuldet, bei denen wir in TV-Qualität Konferenzen übertragen. Die gute Nachricht: Sie müssen sich kein TV-Studio im Büro aufbauen, um eine vernünftige Bild- und Ton-Qualität zu haben. Es geht auch einfacher.

Wenn Sie eine gute Webcam in Ihrem **Rechner** integriert haben, nutzen Sie diese und denken Sie dabei daran, die Linse regelmäßig mit einem Brillenputztuch zu reinigen. Der Effekt einer sauberen Linse ist meist größer als der einen teureren Kamera. Das gilt übrigens auch für Smartphones.

Seit iOS 16 können Sie Ihr **iPhone** in Verbindung mit einem Mac als Webcam nutzen. Der Mac erkennt das iPhone automatisch. Der Clou: Sie haben damit gleich zwei

Kameras – eine Webcam und eine virtuelle Deskcam. Damit können Sie Gegenstände auf Ihrem Schreibtisch auch ohne eine Dokumentenkamera zeigen. Wenn Sie keinen Mac haben, gibt es auch einige Apps für Android, mit denen Sie Ihr Smartphone als Webcam nutzen können.

Wenn Sie ohnehin eine **digitale Video- oder Foto-Kamera** besitzen, können Sie prüfen, ob diese per USB direkt oder mit HDMI und einem Adapter als Webcam angebunden werden kann. Wichtig ist hierbei, dass die Kamera ein Clean-HDMI-Signal ausgibt, d.h. dass die Bedienungselemente des Kameradisplays nicht mitübertragen werden.

Idealerweise sollte die Kamera ungefähr auf Augenhöhe positioniert sein. Das ist für die Teilnehmenden am angenehmsten. Unterwegs kann hierbei eine Art Buchstütze helfen, das Notebook höher zu bekommen. In Ferienwohnungen habe ich auch schon Kochtöpfe und Salatschüsseln dazu genutzt.

Wenn Sie Tageslicht, also Fenster, in Ihrem Büro oder Homeoffice haben, sollte es idealerweise nicht hinter Ihnen sein, denn dann sind Sie oft nicht gut im Bild erkennbar.

Als **Hintergrund** sollten Sie einen möglichst ablenkungsfreien neutralen Hintergrund wählen. In Hotelzimmern findet sich meistens eine Wand, wo Sie ggf. nur noch schnell ein Bild abhängen müssen. Ich nutze auf Reisen mit dem Auto in Ferienwohnungen auch gern ein dunkelgraues Roll-up-Display. Das ist schnell hochgezogen.

> **STICHWORT „Roll-up".** Roll-ups sind immer wieder nutzbare mobile Aufsteller, ähnlich wie ein Plakat – nur dass man es eben aufstellt und nicht an die Wand hängt. Der Vorteil eines Roll-up als Hintergrund für Online-Meetings ist, dass man es überall mobil aufstellen und danach zusammenrollen und wegpacken kann.

Mit einem Greenscreen kann man noch weitere Verbesserungen erzielen, aber die modernen Videokonferenzlösungen kommen mittlerweile sehr gut mit einer einfarbigen Wand im Hintergrund klar. Sie können in Zoom beispielsweise anhaken, dass Sie einen Greenscreen nutzen, und in den Einstellungen dann die Farbe des Greenscreens einstellen. Meist erkennt Zoom sogar die Hintergrundfarbe automatisch. Idealerweise sollten sie darauf achten, dass Ihre Kleidung sich von der Hintergrundfarbe absetzt, sonst wird die auch durch das Hintergrundbild ersetzt.

Einen meistens besseren Effekt als mit einem Greenscreen und viel Computerkapazität können Sie mit einem bedruckten Roll-up erzielen. Ich habe mir beispielsweise ein Bücherregal mit leichter Unschärfe auf ein Roll-up drucken lassen. Damit simuliere ich sogar den Effekt teurer Spiegelreflexkameras, und das mit einfachster Technik.

Lösung für Problem 3: Nutzen Sie die erweiterten Möglichkeiten von Videokonferenzen

Bevor Sie sich mit den digitalen Möglichkeiten von Videokonferenzen beschäftigen, hier ein paar Ideen, wie Sie auch analoge Möglichkeiten nutzen können.

Wie bitte?! Was meine ich denn damit? Ich hatte doch gesagt, dass es nicht gut ist, Analoges 1:1 in die digitale Welt zu übertragen?

Wir denken bei Videokonferenzen immer zuerst an die Tools und Apps aus der digitalen Welt. Wenn Sie zu den ganz wenigen Menschen gehören, die in digitalen Formaten auch analoge Elemente einführen, fallen Sie auf. Das ist, als wenn Sie handgeschriebene Karten an Ihre Kunden per Post verschicken. Da das aus der Mode gekommen ist, ist es schon wieder etwas Besonderes.

Hier ein paar Beispiele aus der Praxis:

- Organisieren Sie sich einen überdimensionierten Facebook-Like-Daumen als Handschuh, den Sie in die Kamera halten können.
- Malen oder drucken Sie sich Schilder, die Sie in die Kamera halten können, z. B. für „Bitte Mikro anschalten" oder „Ich habe eine Frage".
- Bitten Sie Teilnehmende, Take-aways auf Papier aufzumalen und die Papierskizzen in die Kamera zu halten.

Im Online-Bereich zum Buch finden Sie noch weitere Beispiele für analoge Interaktionsideen:

  Hier finden Sie noch ein Video mit weiteren Interaktionsideen für virtuelle Meetings.

Natürlich geht es in diesem Buch in erster Linie um digitale Möglichkeiten von Video-konferenz-Tools. Die für mich interessantesten Tools sind die Handhebefunktionen und die Breakout-Rooms.

In kleinen Meetings, bei denen alle Teilnehmenden noch gut auf dem Bildschirm zu erkennen sind, empfehle ich die analoge Form des **Handhebens**. Das ist einfacher und schneller. In sehr großen Meetings ist die digitale Form des Handhebens geeig-neter. Das Praktische dabei ist, dass dann in der Teilnehmerliste oben die Teilneh-menden zu sehen sind, die ihre digitale Hand gehoben haben, und das sogar in der Reihenfolge, in der sie sich gemeldet haben. In den meisten Systemen wandern die Bilder der entsprechenden Teilnehmenden auch nach links oben.

Ergänzend können Sie auch Umfragen mit Diensten wie *slido* oder *Mentimeter* nutzen. Diese Dienste werden mittlerweile sogar teilweise als Apps in die Videokon-ferenzsysteme mit integriert.

Zur Anordnung der Bilder in der Galerie noch ein Hinweis: In den meisten Systemen ist die Anordnung der Bilder nicht bei allen Teilnehmenden gleich. Wundern Sie sich also bitte nicht, wenn Sie sich mit einem virtuellen Bildnachbarn abklatschen wollen und Sie Verwirrung erzeugen. Dafür haben Sie aber in vielen Systemen die Möglich-keit, Bilder von Teilnehmenden nach oben zu ziehen. Ich ziehe mir beispielsweise gern Teilnehmende, die ich ansehen will, direkt an den oberen Bildschirmrand. Damit verbessert sich der Augenkontakt.

Bei **Breakout-Sessions** haben Sie die Möglichkeit, in Kleingruppen parallel zu arbeiten oder das Netzwerken zu unterstützen. Breakouts können Sie in den meisten Systemen auch bereits im Vorfeld eines Meetings planen.

Neuere Möglichkeiten sind die **automatische Transkription** und sogar **Simultan-übersetzung**. Damit haben fremdsprachige Meeting-Teilnehmende Untertitel in ihrer Sprache. Sind die perfekt? Nein, aber verständlich, und die KI wird da immer leistungsfähiger. Mittlerweile gibt es bereits Services, die Meetings im Nachgang automatisch zusammenfassen.

So weit muss man aber gar nicht immer gehen. So können Sie beispielsweise mit dem *Microsoft Planner* statt langer Protokolle Kanban-Boards erstellen, die allen auf einen Blick einen Statusüberblick geben. Für das **Protokollieren** von regelmäßigen Meetings schlage ich immer gern ein Kanban-Board mit folgenden Spalten vor:

▸ „Themenpool",
▸ „Themen aktuelles Meeting",

▶ „In Arbeit",
▶ „Warten" und
▶ „Erledigt".

Im Ordner „Erledigt" lassen Sie nur die Karten des Kanban-Boards, die im Nachgang noch zur Dokumentation benötigt werden. Alle anderen sollten Sie löschen. Das erhöht die Übersicht und erspart Statusreports.

Tipps und Tricks zur Hard- und Software für Videokonferenzen

In diesem Kapitel habe ich für Sie meine Favoriten in puncto „Ausrüstung" für Ihre Onlinemeetings zusammengestellt und gebe Ihnen praxiserprobte Tipps für Ihre nächste Videokonferenz.

Meine Zubehörempfehlungen für Videokonferenzen

Webcams

Wenn die integrierte Webcam ein schlechtes Bild liefert, empfehle ich die Nutzung der *Logitech C920* als externe Webcam. Sie kann ohne zusätzliche Software auf allen gängigen Systemen genutzt werden und ist damit sehr unkompliziert. Sie ist auch sehr kompakt und kann gut auf Reisen mitgenommen werden.

Wenn Sie eine hochwertigere Webcam suchen, kann ich die *Elgato Facecam* aus eigener Erfahrung sehr empfehlen. Voraussetzung für die Webcam ist ein Rechner mit einem USB-3-Anschluss. Idealerweise sollten Sie die Webcam auch nur mit dem mitgelieferten Kabel nutzen. Darüber hinaus müssen Sie bei der Kamera manchmal den Übertragungsmodus ändern.

Hier finden Sie ein entsprechendes Video zu *Elgato*.

Eine weitere Top-Webcam ist die *Insta 360*. Diese hat einen integrierten Gimbal und eine einstellbare Gesichtserkennung. Damit können Sie sich im Bild bewegen, und die Kamera folgt Ihnen. Das kann in Settings sinnvoll sein, bei denen Sie stehen und beispielsweise ein Flipchart nutzen. Ich mache das zum Teil auch im Büro. Ich habe dafür einen höhenverstellbaren Schreibtisch. Motorisierte Untergestelle für bestehende Schreibtische können Sie übrigens schon für unter 400 Euro erhalten. Sie finden einige Empfehlungen dazu in der laufend aktualisierten Zubehörliste im Onlinebereich zu diesem Buch.

Wenn Sie eine noch bessere Kameraoptik – vor allem für den Tiefenschärfeneffekt – haben wollen, empfehle ich Ihnen die *Sony ZV1*. Das ist meine Kamera im Büro. Diese Kamera können Sie direkt per USB oder per HDMI an Ihren Rechner anschließen.

Die einfachste Art, eine Kamera mit einem HDMI-Ausgang an einen Rechner anzuschließen, ist der *Elgato Camlink 4K*. Das ist ein kompakter USB-Stick mit einem HDMI-Eingang, der ohne zusätzliche Software dafür sorgt, dass Ihre Kamera als Webcam erkannt wird. Einfacher geht es nicht. Es gibt auch günstigere Sticks von Drittanbietern, aber ich empfehle den Elgato-Stick, da er meist mit mehr Auflösungen als die günstigen Sticks klarkommt.

Headsets

Als Headset empfehle ich das *Sennheiser PC-USB7*. Dieses einohrige Headset hat eine hervorragende integrierte Hintergrund-Geräuschunterdrückung und ist ohne Software einfach an den Rechner anschließbar. Als USB-Hub nutze ich meine „Buchstütze" von Targus. Die bringt nicht nur meine Webcam auf Augenhöhe, sondern erweitert meinen Rechner um vier weitere USB-Anschlüsse. Damit schlagen Sie gleich zwei Fliegen mit einer Klappe und der Notebookständer ist kompakt zusammenschiebbar und sieht schick aus.

Bildschirme

Im Büro nutze ich mehrere Bildschirme, und ich finde das für Videokonferenzen ideal. Damit kann ich auf einem Monitor die Galerie der Teilnehmenden, auf einem die *PowerPoint*-Vorschau und auf dem anderen die Charts sehen, die ich freigebe.

Unterwegs habe ich auch drei Bildschirme. Dazu habe ich einen Aufsatz mit zwei Ausklappmonitoren für meinen Laptop. Im zusammengeklappten Zustand ist der

Aufsatz so groß wie mein Laptop – nur circa doppelt so dick –, aber sehr leicht. Angeschlossen wird der Aufsatz mit zwei USB-Kabeln, die die Bildschirme sogar mit Strom versorgen.

Wenn Sie mit *MS Teams* arbeiten, gibt es übrigens auch eine tolle Funktion für alle, die nur einen Monitor haben. Sie können eine *PowerPoint*-Präsentation direkt in *MS Teams* hochladen. Dann sehen Sie in *Teams* die Chartvorschau, wie aus *PowerPoint* gewohnt, und die Teilnehmenden sehen die Charts. Sie können sogar noch einstellen, ob die Teilnehmenden die Charts selbständig wechseln können oder ob Sie das zentral machen.

Meine Profi-Tipps für optimalen Ton und optimales Bild

Wenn Sie eine TV-Qualität liefern wollen, geht das heute auch mit vergleichsweise einfachen Mitteln.

Das Wichtigste vorab: Arbeiten Sie immer mit dem minimal möglichen Setup, denn auch bei Profi-Qualität ist weniger mehr! Alle Komponenten, die Sie einsetzen, können ausfallen, und irgendwann werden sie es auch tun.

Gerade beim Ton erlebe ich oft wilde Setups mit Mischpult und teuren Mikrofonen. Wenn diese Mikrofone dann aber zu weit von den Sprechenden entfernt positioniert sind, klingt mein *Sennheiser USB-Headset* für 25 Euro oft besser als die Audio-Setups für tausend Euro. Da ich kein Mischpult habe, kann es auch nicht ausfallen, und das USB-Headset muss ich einfach nur einstöpseln und los geht es – eben „Relevanz vor Firlefanz".

Wenn Sie Ihren Ton optimieren wollen, sollten Sie Ihr Mikro sehr nah an den Mund bekommen oder ein Richtmikrofon nutzen. Ich finde es beispielsweise nicht schön, wenn man mein Mikrofon im Bild sieht. Deshalb habe ich knapp unter meinem sichtbaren Bildausschnitt ein *Røde VideoMic Pro* auf einem kleinen Tischstativ. Das Mikro wurde ursprünglich für Videointerviews mit Spiegelreflexkameras und Camcordern entwickelt und ist für Videokonferenzen wunderbar nutzbar.

Am einfachsten stecken Sie externe Mikros in Ihre Kamera mit einem Mikrofoneingang. Dann bekommen Sie über HDMI Bild und Ton immer synchron als Signal in Ihren Rechner. Das sollten Sie aber auf alle Fälle testen, da nicht alle Kameras gute Vorverstärker, sogenannte Pre-Amps, haben. Dadurch kann die Tonqualität leiden.

Wenn Sie sich im Raum bewegen wollen, kann ich die *Røde Wireless GO II*-Funkstrecke sehr empfehlen. Diese können Sie sogar per USB-Cam an Ihren Rechner anschließen. Für Interview-Situationen gibt es einen Hand-Mikro-Griff, auf den Sie das Mikro aufstecken können.

Wenn Sie mehrere Quellen in eine Videokonferenz einspielen und eine professionelle Greenscreen-Technik nutzen wollen, kann ich Ihnen die *ATEM-Mini*-Bildmischer-Familie sehr empfehlen. Damit haben Sie vier oder acht HDMI-Eingänge und zwei zusätzliche Mikrofoneingänge, zwischen denen Sie schalten und die Sie mischen können. Die Ersteinrichtung des Geräts ist etwas tricky, aber dann ist es sehr leicht zu bedienen.

Ergänzend können Sie ein Streamdeck einsetzen. Das ist ein kleines Tasten-Pad. Auf die Tasten können Sie Funktionen legen. Im einfachsten Fall können Sie damit z. B. Ihr Mikro in Videokonferenzen muten und entmuten. Sie können das Streamdeck aber auch zur Steuerung Ihres *ATEM Minis* nutzen. Damit können Sie in Videokonferenzen schnell zwischen verschiedenen Szenen umschalten.

Wenn Sie den perfekten Augenkontakt in Videokonferenzen herstellen wollen, gibt es zwei Möglichkeiten: Entweder Sie zwingen sich, in die Kamera zu sehen, und schieben die Bilder der Teilnehmenden an den oberen Bildschirmrand. In der Praxis geht das mit etwas Übung sehr gut. Oder Sie nutzen einen Teleprompter, auf den Sie keinen Text, sondern die Galerieansicht der Videokonferenz legen. Damit haben Sie die Teilnehmenden im Blick und schauen immer direkt in die Kamera.

  Hier finden Sie ein Video zu meiner Teleprompter-Lösung.

Meine Tipps für hybride Settings

Während der Pandemie wurden nicht nur die technischen Setups für Videokonferenzen hochgerüstet. Viele haben sich auch an diese Form von Meetings so gewöhnt, dass sie diese nicht mehr missen möchten. Natürlich leidet der persönliche Kontakt in Videomeetings – vor allem, wenn Meetings schlecht moderiert werden –, aber gerade für fachliche Themen spart man mit Videokonferenzen viel Reisezeit. Von daher gibt es immer häufiger das Szenario, dass Online-Teilnehmende zu Präsenz-meetings dazugeschaltet werden sollen.

Bevor wir uns mit der Technik beschäftigen, ein paar Gedanken zu den Besonder-heiten dieser hybriden Meetings.

Bei hybriden Meetings ist es schwer, beiden Parteien gerecht zu werden. Man muss zeitgleich einen guten Fokus auf die Präsenz-Teilnehmenden sowie die Online-Teil-nehmenden haben. Das erfordert viel Übung. Eine absolute Referenz ist da für mich Thomas Gottschalk mit „Wetten, dass ...?". Er hat es perfekt beherrscht, sowohl mit dem Saalpublikum als auch mit den Fernsehzuschauern zu kommunizieren.

Wenn Sie nicht ganz so geübt damit sind, schlage ich vor, dass Sie eine weitere Person zum Online-Moderierenden ernennen. Diese Person kann dann die Fragen aus dem Chat und die Wortmeldungen aufgreifen und an den Hauptmoderator über-geben.

Bei der Technik schlage ich wieder einen möglichst einfachen Weg vor. Mein Setup für hybride Settings besteht aus folgenden Komponenten:

▶ einer PTZ-Kamera, die ich per langem USB-Kabel als Webcam anschließen kann. PTZ steht dabei für „Pan Tilt und Zoom", d. h., es ist eine fernsteuerbare Kamera. Ich habe zu der Kamera eine Fernbedienung, auf der ich vor dem Meeting feste Positionen einspeichern kann. Bei mir sind das Redner, Flipchart, Publikum.
▶ einer *Røde Wireless GO II* mit einem Mikroempfänger, der in meinem Rechner steckt, und zwei Ansteckmikrofonen. Eines davon stecke ich mir an. Das andere habe ich auf einem Handmikroadapter von Mikro für das Einfangen von Teilneh-merstimmen.
▶ einer *Bose SoundLink Mini II*-Lautsprecher-Box, die ich per Klinkenkabel an meinen Laptop anschließe, um den Ton aus Präsentationen und von den Online-Teilnehmenden ausgeben zu können. Um Audio-Echos zu vermeiden, empfehle ich in Szenarien, bei denen man externe Teilnehmende per Ton dazuschaltet, die Nutzung von *Zoom*. *Zoom* hat eine sehr gute Unterdrückung von Audio-Echos.

Wenn Sie Szenarien haben, bei denen Online-Teilnehmende per Chat, aber nicht per Video dazugeschaltet werden sollen, können Sie auch über eine einfache Livestrea-ming-Lösung nachdenken. Das kann z. B. für Konferenzen sinnvoll sein. Hierzu nutze ich eine *YoloBox Mini*. Das ist eine Livestreaming-Box mit integrierter SIM-Karte. Die Box hat einen HDMI- und einen USB-Eingang, an die Sie jeweils eine Kamera anste-cken können. Zusätzlich hat die Box auch einen Mikrofoneingang. Per Knopfdruck kann die Box dann live streamen. Die Kommentare der Teilnehmenden können Sie dann beispielsweise auf einem iPad mit verfolgen.

Unter diesem Link finden Sie meine gesamte Zubehörliste zum technischen Setup für Online- und Hybrid-Szenarien:

https://www.shopper.com/jekelteam

Die Top-10-Tipps aus Kapitel 6

▷ Erarbeiten Sie einen Meetingplan mit unterschiedlichen Meeting-Arten für Ihr Team.
▷ Machen Sie lieber bessere statt weniger Meetings.
▷ Überlegen Sie, wie Sie Präsenz- und Online-Teilnehmer am besten zusammenbringen.
▷ Stellen Sie sicher, dass die Webcam ungefähr auf Augenhöhe ist.
▷ Achten Sie auf einen neutralen, professionellen Videohintergrund ohne Fenster.
▷ Nutzen Sie immer Kopfhörer, um Audio-Echos zu vermeiden.
▷ Nutzen Sie die Chartvorschau in Teams.
▷ Geben Sie Ihre Kamera als zweite Kamera in *Zoom* frei, um ein scharfes Bild zu erhalten.
▷ Nutzen Sie die vorhandenen Interaktionsmöglichkeiten von *Zoom* & Co. Es kommen regelmäßig neue dazu.
▷ Nutzen Sie *Mentimeter* oder *slido* für anonyme Abfragen – nicht nur online.

7

Verwandeln Sie Ihre digitale Veranstaltung in einen Livestream-Event

Online = doof?

Kennen Sie das? Sie sehen eine Einladung für eine Online-Messe mit Konferenz auf LinkedIn mit dem Titel „Universe im Metaverse" und denken sich: „Cool, da mach ich mit!"

Am Tag der Eröffnungskonferenz gehen Sie wie immer fünf Minuten vor Start der Konferenz online. Aber was ist das denn? Jetzt müssen Sie erst einmal einen Avatar erstellen. „Hey, ich will mir keine Klamotten für meinen Avatar raussuchen. Ich will den ersten Vortrag sehen, der schon seit mittlerweile 10 Minuten läuft!"

Natürlich stand da irgendwo, dass es einen Vorbereitungstermin zwei Tage vor der Veranstaltung gab, bei dem alles erklärt wurde, aber Sie müssen doch auch bei einer Vor-Ort-Veranstaltung nicht zwei Tage vorher ein Training machen, wie Sie an der Veranstaltung teilnehmen, oder? Nee, nicht mit Ihnen, Sie sind raus: „Online ist doof!"

Während der Pandemie konnten persönliche Messen und Kongresse nicht stattfinden. Online-Formate waren sozusagen der digitale Rettungsring. Leider wurde auch bei diesem Thema eher von der Technik- und Marketing-Seite als von der Teilnehmer-Seite gedacht. Die Customer-Journey-Sicht fehlte. Und das hat sich bis heute nicht wesentlich geändert.

Von nicht mehr ganz so jungen Teilnehmenden höre immer wieder: „Online ist doof!"' Ich halte dagegen: „Online ist nicht doof, sondern 95 Prozent der Online-Formate, die ich auf dem Markt sehe, sind doof!" Viele Formate werden noch heute lieblos, wie eine Notlösung, als Videokonferenz und nicht als interaktiver Livestram-Event aufgesetzt. Solche Formate haben dann so viel mit Digital-Konferenz zu tun wie Omas und Opas Diavortrag mit einem Hollywood-Blockbuster.

Das andere Extrem ist der Metaverse-Hype. Da werden dann Konferenzen und Messen, an denen man auf den PC-Bildschirm schauend teilnimmt, als Metaverse-Veranstaltung vermarktet. Eine Grundidee des Metaverse ist jedoch, dass man nicht auf das Internet schaut, sondern z. B. mit Virtual Reality immersiv „mittendrin" im Geschehen ist. Finde den Fehler ...

Die drei Hauptprobleme von Online-Veranstaltungen und ihre Lösungen

Veranstaltung Marke „Diaprojektor" oder hochkomplexer Mega-Event – zwischendrin gibt es oft nicht viel. Kein Wunder, dass sich viele bei der Aussicht auf eine anstehende Online-Veranstaltung schon überlegen, was sie so nebenbei noch erledigen oder wie sie sich davor drücken können. Auch hier habe ich drei Hauptprobleme ausgemacht:

1. Für viele Veranstalter ist das Online-Format noch immer nur eine Notlösung, die in Pandemie-Zeiten zwar hilfreich, heute aber nicht mehr wirklich nötig ist. Und so sehen deren Online-Veranstaltungen dann auch aus.
2. In diesem Zuge wird auch nicht viel Energie und Aufwand in die Ausgestaltung der Online-Formate gelegt. Gerade bei der Zuschaltung von Externen führt das dann zu teilweise haarsträubenden Ergebnissen.
3. Und wenn doch in ein Online-Event investiert wird, dann in erster Linie aus Marketinggründen: Und dann wird geklotzt und nicht gekleckert, dann wird alles aufgeboten, was es an Hightech gibt. Und die Nutzer bleiben auf der Strecke.

Problem 1: Online-Formate werden als Notlösung gesehen

In der Pandemie wurden Online-Formate als reine Notlösung genutzt, ohne deren wirkliches Potenzial zu verstehen. Da wurden bisherige Präsenzformate einfach 1:1 digital umgesetzt. Das war so ein bisschen, als hätte man bei der Einführung des Films weiterhin nur abgefilmte Standbilder gezeigt. Beim Film haben die Bilder zum Glück sehr schnell laufen gelernt, weil die Filmemacher die Möglichkeiten des neuen Mediums verstanden haben. In der Online-Veranstaltungswelt nehme ich das noch viel zu selten wahr. Da werden lieblose Online-Formate genauso schnell wieder abgesetzt, wie sie umgesetzt wurden. Präsenz geht ja wieder. Endlich brauchen wir dieses doofe Online nicht mehr.

Was haben viele Veranstalter nicht verstanden?

Online-Teilnehmende erwarten heute die Ton- und Bildqualität, die sie von Netflix her kennen, und kein verpixeltes *Teams*- oder *GoToWebinar*-Bild. Das ist kein Bashing der Videokonferenzplattformen. Diese sind dafür gebaut, dass man mit vielen Menschen interagieren kann und dass die Verständlichkeit gut ist. Der Fokus liegt hier auch nicht auf der TV-Qualität von Bild und Ton, sondern auf der ruckelfreien Kommunikation zwischen den Teilnehmenden.

Bei Online-Events sollte hingegen mit anderen hochperformanten Systemen gearbeitet werden. Wenn die Qualität und die Dramaturgie von Online-Events stimmen, kann man mit diesen Events viel mehr Menschen erreichen als bisher. Bei Patientenkongressen im Krebsbereich haben wir beispielsweise früher in Präsenz-Formaten 500 und in Online-Formaten über 3.000 Menschen erreicht.

Merkwürdigerweise gingen viel zu wenige Veranstalter nach der Pandemie auf hybride Formate über, obwohl sich damit die Vorteile beider Formate wunderbar verbinden lassen. Und wenn Formate dann doch mal hybrid gebaut werden, werden sie oft nicht gut gebaut. Da wird dann einfach eine Kamera laufen gelassen, und das ist dann digital.

Online-Teilnehmende sind heute schnelle Schnitte aus verschiedenen Kameraperspektiven gewohnt. Selbst die „Tagesschau" basiert heute nicht mehr nur auf einer Kameraperspektive. Achten Sie beim nächsten Mal gern darauf. Das ist die heutige Referenz, und die ist heute auch schon für Sie möglich.

Menschen wollen auch online unterhalten, informiert und emotional bewegt werden. Ich habe selbst auch die Wichtigkeit einer Regisseurin oder eines Regisseurs für die Inszenierung von Online-Formaten total unterschätzt. So wie ein gutes Theaterstück immer eine gute Regie im Hintergrund hat, sollte das auch bei Online-Formaten sein.

Eine Regie wird vor allem benötigt, um die Interaktion mit dem Publikum zu gestalten. Denn anders als bei Netflix erwarten Teilnehmende von Online-Events, dass sie mit den Vortragenden interagieren können. Das ist somit noch anspruchsvoller als bei Netflix. Technisch ist das heute gut lösbar, wenn man weiß, wie es geht.

Natürlich gibt es gibt auch schon einige sehr gute Veranstalter, die jetzt die Learnings aus interaktiven Online-Formaten in hybride Produktionen einbringen. Doch die sind leider immer noch die Ausnahme.

Problem 2: Die meisten Online-Zuschaltungen sind schlecht umgesetzt

Viele Online-Formate sind mittlerweile sogar qualitativ auf einem vernünftigen Level – solange es sich um die Bühne handelt. Bei der Zuschaltung Externer, z.B. von Experten und Interview-Partnern, sehe ich meist noch die gleichen Fehler wie in Videokonferenzen, die teils für Erheiterung, teils für Entsetzen bei den Teilnehmenden sorgen.

Hier einmal die Klassiker:

- Die Nasenhaare der Zugeschalteten sind wunderbar von unten zu sehen, weil ein Notebook ohne Erhöhung genutzt wird.
- Die Zugeschalteten kleben am unteren Rand des Bildschirms, so als ob sie gerade mal über die Tischplatte schauen. Die Fernsehgewohnheit ist genau andersherum, denn da sollte der Kopf oben „andocken".
- Der Ton der Zugeschalteten ist entweder zu leise oder zu laut.
- Ton und Bild der Zugeschalteten sind nicht synchron.
- Bei den Zugeschalteten sind deutliche Hintergrundgeräusche zu hören.
- Die Teilnehmenden haben offene Mikros, häufig keine Funkdisziplin und sind somit im Programm zu hören, wenn sie es nicht sein sollten.
- Die Teilnehmenden vergessen ihre Stummschaltung aufzuheben und reden munter, ohne dass sie zu hören sind.
- Die Zugeschalteten nutzen keine Kopfhörer und es ist ein deutliches Audio-Echo zu hören.
- Die Zugeschalteten nutzen AirPods, die sich bei Anrufen auf deren iPhones aus der Zuschaltung verabschieden. Die Akkus der AirPods sind zudem manchmal fast leer und schalten sich dann auch aus. Frei nach dem Motto: „Ratlos macht drahtlos!"
- Der Hintergrund der Zugeschalteten ist total unaufgeräumt.
- Hinter den Zugeschalteten sind helle Fenster, sodass die Zugeschalteten kaum zu erkennen sind.
- Die Zugeschalteten tragen gemusterte Oberteile, die in der Kamera flimmern.
- Die Zugeschalteten tragen Oberteile, die sich nicht gut gegen den Hintergrund absetzen.
- Bei den Zugeschalteten sitzen Krawatten und Hemdkragen schlecht, sodass die Teilnehmenden davon abgelenkt werden.
- Die Teilnehmenden nutzen eine schlechte Greenscreen-Technik, wodurch das Bild äußerst unnatürlich aussieht und vom Inhalt ablenkt.
- Die Teilnehmenden haben unterschiedliche Zoom-Stufen und dadurch schaut ein Panel ungleichmäßig aus.
- Die Teilnehmenden sehen nicht in die Kamera, sondern auf die Kamerabilder der anderen Zugeschalteten.
- Die Teilnehmenden nutzen WLAN statt stabiler Netzwerkverbindungen und fliegen aus der Zuschaltung oder haben Ruckler im Bild und im Ton.
- Die Teilnehmenden haben leistungsschwache Rechner oder andere Software, die die Qualität der Zuschaltung beeinträchtigen.

Das sind nur die häufigsten handwerklichen Fehler, die bei Online-Zuschaltungen gemacht werden. Den Zugeschalteten kann in der Regel kein Vorwurf gemacht werden, denn es werden von vielen Veranstaltern zwei Dinge einfach vergessen: ein sauberes schriftliches Briefing über die Anforderungen der Zuschaltung sowie konkrete Techniktipps. Ich gehe bei meinen Veranstaltungen sogar zum Teil so weit, dass ich Kamera- und Mikrofonlösungen an Zuzuschaltende versende.

Darüber hinaus wird oft ein Onboarding vergessen oder aus Kosteneinspargründen einfach nicht eingeplant, denn „Das kann doch jeder, oder?". Die Realität sieht leider anders aus. Ein 30- bis 60-minütiges Onboarding pro Zugeschaltetem ist aus meiner Erfahrung zwingend notwendig. Am schlimmsten sind übrigens die Externen, die ein Onboarding ablehnen, weil sie ja vermeintlich wissen, wie alles geht. Die kommen dann meist kurz vor knapp mit schlechter Qualität in die Zuschaltung – wenn überhaupt. Hier bestehen viele Veranstalter nicht auf ein Onboarding. Bei mir müssen selbst Bundesminister*innen in Onboardings. Die Qualität gibt mir recht.

Natürlich muss die Bildregie aus den Zuschaltungsbildern und dem eingelieferten Ton auch noch ein professionelles Gesamtbild bauen, aber wenn die Eingangsqualität nicht stimmt, kann auch die Bildregie nichts mehr retten.

Problem 3: Marketing und Hightech kommen vor User Experience

Statt solide Handwerksarbeit bei der Produktion von Events zu liefern, wird die Energie dann lieber in coole Marketing-Parolen gesteckt. „Conference-Universe im Metaverse" klingt ja auch viel cooler als „Livestream".

Das Problem dabei ist nur, dass die meisten dieser Hochglanzkonzepte zwar an das Marketing, nicht aber an das Teilnehmenden-Erlebnis gedacht haben. Die Konferenz sieht zwar in der Bewerbung cool aus, aber überfordert die meisten Teilnehmenden komplett bei der Benutzerführung. Wenn man erst mal mindestens 15 Minuten braucht, um seinen Avatar einzurichten, passt das einfach nicht mit der heutigen Angewohnheit der meisten zusammen, sich erst kurz vor knapp bei Online-Formaten einzuwählen. Bei vielen der neuen coolen Formate herrscht doch eher Firlefanz statt Relevanz.

Das ist Relevanz.

Bei Präsenz-Events ist mir im Zweifelsfall auch ein hochwertig besetztes Panel, das etwas zu sagen hat, fünfmal lieber als eine toll performende Hightech-Luftpumpe. Das ist bei Online-Events nicht anders. Und genauso, wie ich mich vor einer Präsenz-Konferenz nicht erst verkleiden will, möchte ich das auch bei Online-Formaten nicht tun.

Doch statt die Vorteile der Online-Plattformen zu nutzen, werden vielfach genau die falschen Elemente genutzt. Wie häufig erleben Sie, dass Teilnehmende auf Basis ihrer Interessen smart zusammengebracht werden, um sich auszutauschen? Wie oft erleben Sie, dass Teilnehmende ihre Ideen online einbringen und sich austauschen können – über Kontinente hinweg? Wie oft erleben Sie, dass Menschen, die ganz unterschiedliche Sprachen sprechen, sich online auf einmal durch automatisierte Live-Simultan-Übersetzung unterhalten können, als würden sie in einem Raum sitzen und die gleiche Sprache sprechen? Die Nutzung solcher Tools, die es alle heute schon gibt, erlebe ich noch viel zu selten.

Genau das aber führt dann zur Online-Müdigkeit und zu Aussagen wie „Online ist doof". Wenn der Fokus nicht zu 100 Prozent auf der Relevanz für die adressierte Zielgruppe und auf möglichst einfacher Bedienbarkeit liegt, funktioniert das „online" nicht.

Oft liegt das auch daran, dass von einer deutlich höheren IT-Kompetenz ausgegangen wird, als die Teilnehmenden in der Regel haben. In unserer Veranstalterblase hatte natürlich schon fast jeder ein Virtual-Reality-Headset auf. Mit 3-D-Welten kennen wir uns aus. Auf der anderen Seite scheitern viele Anwender bereits dabei, sich auf Konferenzplattformen einzuwählen und bei Interaktionen ihr Headset im Browser freizugeben. Solange das so ist, ist auch technisch weniger mehr.

  Hier finden Sie ein spannendes Videointerview zum Thema Metaverse.

Wie können Sie nun also aus Ihrer Online-Veranstaltung ein „Event" machen, das Ihren Teilnehmenden noch lange in Erinnerung bleibt? Dazu gleich mehr.

Hier noch mal die Probleme im Überblick:

▷ Problem 1: Online-Formate werden als Notlösung gesehen
▷ Problem 2: Die meisten Online-Zuschaltungen sind schlecht umgesetzt
▷ Problem 3: Marketing und Hightech kommen vor User Experience

Lösung für Problem 1: Denken Sie Veranstaltungsformate immer hybrid

Bevor auch Sie sich mit der technischen Seite von Events beschäftigen, denken Sie erst einmal wie eine Regisseurin, und zwar konzeptionell. Stellen Sie sich immer folgende Fragen:

- ▷ Wer ist die Zielgruppe?
- ▷ Wie kann ich möglichst viele Menschen aus meiner Zielgruppe erreichen?
- ▷ Was sollen die Teilnehmenden am Ende des Events wissen, fühlen und umsetzen?
- ▷ Daraus resultierend: Wie kann ich Fakten möglichst stark emotionalisieren? Denn Menschen bewegt man nur durch Emotionen.
- ▷ Welchen Mehr-Nutzen kann ich den Teilnehmenden bieten, die vor Ort in Präsenz mit dabei sein werden?
- ▷ Welchen Mehr-Nutzen kann ich den Online-Teilnehmenden bieten?
- ▷ Wie schaffe ich eine sinnvolle Interaktion zwischen den Referierenden, dem Moderierenden und allen Teilnehmenden?

Wenn Sie professionelle Events produzieren, ist das häufig sehr teuer. Je mehr Teilnehmende Sie für Ihre Veranstaltung gewinnen, desto niedriger sind die Pro-Kopf-Kosten. Viele bisher defizitäre Präsenzveranstaltungen können durch die Öffnung für Online-Teilnehmende in profitable Formate weiterentwickelt werden.

BEISPIEL. *In der Pandemie hatte die Siemens AG beispielsweise ihre Hauptversammlung virtuell durchgeführt. Nach der Pandemie hat Siemens das bewusst beibehalten. Weshalb? In der Vergangenheit mussten riesige Säle gemietet und Tausende Menschen verpflegt werden. Das fällt heute alles weg. Darüber hinaus ist der CO_2-Fußabdruck einer solchen Hauptversammlung sehr viel geringer als bisher.*

Ein weiterer Vorteil kann sicherlich auch der Wegfall von nervigen Diskussionen mit Kleinaktionären sein, aber das ist nicht der Hauptgrund.

Ein weiteres Beispiel für die smarte Nutzung von hybriden Formaten sind ganzjährige Online-Messen. Präsenz-Messen sind sehr teuer und in der Regel auf wenige Tage beschränkt.

BEISPIEL. *Einige Messen, wie die BAUMA Baumaschinenmesse, finden sogar nur alle drei Jahre statt. Bisher konnte eine Firma ihre Baumaschinen nur alle drei Jahre einmal in einer Halle der BAUMA als Show inszenieren. Mit heute verfügbarer Technologie kann die interne BAUMA 365 Tage im Jahr online stattfinden. Mit Virtual Reality können Kunden auch außerhalb der BAUMA die Messe erleben.*

Online-Messen bieten auch die Möglichkeit, bereits vorhandene Online-Schulungsformate und Dokumente in eine interaktive Gesamtwelt zu integrieren. Für die Gewinnung neuer Kontakte kann hier sogar sehr fein gemessen werden, wer wann welche Elemente angesehen oder heruntergeladen hat. Solche technischen Lösungen machen deutlich mehr Sinn als das Ankleiden von Avataren im Business-Bereich.

Verstehen Sie mich bitte nicht falsch: Ich bin kein Gegner von Virtual Reality, bei der Avatare im Einsatz sind. Nur: Wenn man solche Formate nutzt, dann bitte richtig, d. h. mit Teilnehmenden, die nicht auf die virtuelle Realität vom Computerbildschirm aus schauen, sondern mit Teilnehmenden, die es gewohnt sind, sich in der virtuellen Realität natürlich zu bewegen. Dazu später mehr.

Ein weiteres potenzielles Format, das noch wenige Unternehmen für sich nutzen, ist ein internes TV-Format für Kunden, Mitarbeitende oder Vertriebspartner.

BEISPIEL. *Epson hat beispielsweise einen internen TV-Kanal, auf dem regelmäßig neue Produkte professionell für die Vertriebsmannschaft präsentiert werden – zu einem Bruchteil der Kosten normaler Produktschulungen.*

Lösung für Problem 2: Nehmen Sie sich qualitativ hochwertige Produktionen als Vorbilder

Wenn Sie Online-Formate produzieren, sollten Sie sich immer folgende Formate als Vorbilder nehmen, denn das sind die Formate, die die Teilnehmenden kennen und auf deren Niveau heute Online-Formate produziert werden müssen:

- „Wetten, dass …? – Thomas Gottschalk ist für mich immer noch Referenz, wie er früher Saal- und TV-Publikum gleichzeitig erreicht hat. Bei „Wetten, dass …?" hatte ich schon als Kind mit meinen Eltern vor dem Bildschirm das Gefühl, dass

Tommy mit mir persönlich spricht. Ich hatte auch das Glück, Thomas Gottschalk zweimal live im Fernsehstudio als Zuschauer zu erleben. Er brauchte keinen Warm-upper, der das Publikum in Stimmung bringt. Das hat er selbst gemacht. Er konnte wirklich mit dem Publikum spielen. Die legitimen Nachfolger von Thomas Gottschalk in dieser Disziplin sind u. a. Comedians wie Thorsten Sträter oder der Moderator Daniel Boschmann.

- Die „Tagesschau" und noch mehr die „Tagesthemen", inkl. deren Zuschaltungen von Externen.
- Talkformate wie „Hart aber Herzlich" oder „Lanz".
- Netflix-Serien wie „24", die mit Echtzeit-Schnitten arbeiten.
- YouTuber wie der Rechtsanwalt Christian Solmecke, mit über 900.000 Abonnenten.
- Twitch-Livestreamer aus dem Gaming-Bereich, wie Gronkh, Knossi und Montanablack. Montanablack hat beispielsweise über 4,8 Millionen Follower. Das ist mehr, als Berlin Einwohner hat. Das, was wir heute im Business-Livestreaming als „Latest Shit" verkaufen, haben die Gamer bereits vor zehn Jahren gemacht. Auch wenn Sie, wie ich, kein Gamer sind, sollten Sie sich einmal die Plattform ansehen. Profi-Twitcher spielen, streamen und interagieren gleichzeitig live mit ihrem Publikum, während im Business-Bereich noch nach einer separaten Chatmoderation gefragt wird. Da ist noch Luft nach oben.
- Musical Co-Hosts bei Livestreams, wie Tom Friedländer, die live Musikwünsche auf dem Klavier erfüllen, während sie nicht nur den Teilnehmenden-, sondern auch den internen Event-Chat im Blick haben.
- Instagram-Influencer, wie Céline Flores Willers, Vivien Wysocki oder Constantin Buschmann, den Inhaber von Brabus.

Bei der Nennung der Referenzen bekommen Sie sicherlich ein Gefühl für den Qualitätsanspruch, der heute erwartet wird. Die gute Nachricht: Das Level zu erreichen, ist technisch heute relativ einfach. Bei einigen Zuschaltungen, die ich in den „Tagesthemen" sehe, fallen mir beispielsweise Verbesserungsmöglichkeiten auf, die wir bereits in unseren Produktionen umgesetzt haben. Fairerweise muss man natürlich darauf hinweisen, dass die Zugeschalteten in der „Tagesschau" in der Regel nicht im Vorfeld ongeboardet werden können. Auch da gilt „Relevanz vor Firlefanz".

Was sollten Sie von den genannten Referenzen übernehmen?

Zuallererst die Inszenierung – idealerweise mit einer Ablaufregisseurin. Wir arbeiten bei unseren Produktionen immer mit einem Ablaufregisseur, der viel Erfahrung mit Präsenz-, Online- und Hybridproduktionen hat. Eine Regisseurin kann auch den Protagonisten vor Ort bei ihrer Kamerapräsenz helfen. Auch gestandene Vorstände brauchen Hilfe bei der Frage, wann sie wie in welche der vielen Kameras blicken sollen.

Dann die professionelle Gestaltung des Bildausschnittes. Idealerweise ist das Hauptmotiv nicht in der Mitte des Bildes, sondern mit den Augen auf einem der beiden oberen Schnittpunkte der folgenden Zeichnung. Wenn das Hauptmotiv zur Seite blickt, sollte der Blick immer in Richtung der Mitte des Bildes gehen. Sonst blickt das Hauptmotiv aus dem Bild heraus. Das irritiert.

Ebenfalls irritierend sind Spielgelungen von Leuten in den Pupillen der Sprechenden. Vor allem Ringlichter erzeugen unnatürliche Leuchtkreise in den Pupillen. Brillenträger sollten ihre Beleuchtung möglichst hoch anbringen, damit sich die Beleuchtung nicht in den Brillengläsern spiegelt. Wenn Sie Tageslicht haben, ist es in der Regel auch immer besser als Scheinwerfer.

Bei eingespielten *PowerPoint*-Charts sollten Sie immer den Smartphone-Test machen. Was heißt das? Das heißt, dass alle Charts auch dann lesbar sein müssen, wenn der Stream auf einem Smarthone im Hochformat gesehen wird. 99 Prozent aller Charts die ich heute in Livestreams sehe, fallen bei diesem Test durch.

Last, but not least, gelten auch hier meine Empfehlungen zum Thema „Ton" bei den Videokonferenzen. Bei größeren Events gehört auch immer ein professioneller Tontechniker mit in die Crew.

Lösung für Problem 3: Probieren Sie neue Plattformen aus

Wenn Sie die Basics professioneller Online-Events erfüllen, macht es auch durchaus Sinn, sich mit neuen Plattformen zu beschäftigen. Wichtig ist immer, dass Sie dabei an Ihre Zielgruppe denken. Wenn Sie ein Event für eine wenig-IT-affine Zielgruppe machen, ist weniger mehr. Wenn Sie eine Veranstaltung für IT-Cracks machen, dürfen die Zugangsvoraussetzungen durchaus höher sein.

Dabei sollten Sie übrigens nicht den Fehler machen, vom Alter sofort auf die IT-Affinität zu schließen. Ich erlebe viele Menschen im Ruhestand, die IT-mäßig fitter sind als die sogenannten Digital Natives. Oft überfordern wir sogar die jüngeren Teilnehmenden, weil wir vieles voraussetzen, ohne sie bei IT-Themen zu unterstützen.

Wenn Sie neue Plattformen ausprobieren, sollten Sie immer folgende Optimierungen damit erzielen können:

- eine intuitivere Bedienung für die Teilnehmenden,
- eine bessere Bild- und Tonqualität,

- mehr und bessere Interaktionsmöglichkeiten mit dem Moderierenden, den Referierenden und zwischen den Teilnehmenden untereinander,
- Verfügbarkeit auf mehr Endgeräten,
- eine bessere Lizenzkostenstruktur und
- eine bessere Unterstützung von Mehrsprachigkeit, inkl. Gebärdensprache.

Ein guter Weg zum Ausprobieren ist, sich andere Formate als Teilnehmender anzusehen. Dann erleben Sie die jeweilige Plattform aus der Perspektive der Teilnehmenden. Nutzen Sie die Chance und probieren Sie dabei alle angebotenen Möglichkeiten aus, selbst wenn Sie das Thema nicht sonderlich interessiert. Versuchen Sie auch immer die Plattform von der Qualität der Vorträge zu differenzieren. Schlechte Vortragende machen eine Plattform noch lange nicht schlecht – und anders herum. Hier ist Abstraktionsvermögen wichtig. Idealerweise schauen Sie sich neue Formate auch mit mehreren im Team an und führen dann Ihre Beobachtungen zusammen.

Tipps und Tricks für Eventplattformen

Eine gute Möglichkeit, um Plattformen kostengünstig auszuprobieren, ist die Plattform *AppSumo*. Hier erhalten Sie regelmäßig sehr günstige LifeTime-Deals für Eventplattformen. Ich lege mir sogar manchmal Lizenzen auf Halde und bin immer wieder froh, dass ich mittlerweile aus einem großen Pool an digitalen Eventtools schöpfen kann, die normalerweise Hunderte von Euros monatlich kosten würden. Auf *AppSumo* finden Sie auch ergänzende Tools, z. B. für das Registrierungsmanagement.

Im Folgenden stelle ich Ihnen Plattformen für verschiedene Online-Formate vor, mit denen ich gute Erfahrungen gemacht habe.

Meine Tipps für Online-Konferenzen

Wie immer im Leben gibt es auch im Bereich der Plattformen für Online-Konferenzen nicht *die* optimale Lösung. Es gibt aber meist die passendste Lösung, und die sollten Sie finden.

Darüber hinaus sollte die Plattform auch performant sein – also nicht nur im Test mit fünf Personen funktionieren, sondern auch mit 6.000 Teilnehmenden. Hier einmal einige der führenden Plattformen, mit denen wir bei Online-Events erfolgreich arbeiten.

Die einfachste Form ist die Einbettung eines Livestreams in eine Webseite. Hierfür benötigen Sie einen Streaming-Hoster, der leistungsfähig ist, werbefrei arbeitet und die Qualität des ausgelieferten Streams automatisch an die Internetgeschwindigkeit der Teilnehmenden anpasst. Idealerweise haben Sie auch einen Provider, bei dem Sie nicht im Vorfeld schon die Anzahl der Teilnehmenden einbuchen müssen. Die ist in der Regel nämlich schwer einschätzbar und kann stark nach oben oder unten abweichen. Wir haben schon beides erlebt. Dann ist es ärgerlich, wenn entweder die Kosten zu hoch sind oder Teilnehmende nicht mehr in den Livestream kommen, weil die maximale Zugangszahl erreicht ist. Wir arbeiten deshalb mit dem Kölner Anbieter *Streamdust.tv* zusammen.

Als interaktives Element benötigen Sie immer einen Chat für die Teilnehmenden. Wichtig ist, dass dieser auch gut von den Hauptakteuren in einem Extra-Browser-fenster lesbar ist. So kann die Moderation den Chat beispielsweise auf einem iPad im Blick behalten, ohne dass der Livestream auf dem iPad laufen muss. Wir nutzen dafür *RumbleTalk.*

Für Interaktion bieten sich auch Online-Abstimmungstools an. Wir arbeiten im Livestreaming-Bereich sehr gern mit der Profi-Version von *Slido*. *Slido* ist zwar nicht ganz so schön gestaltet wie *Mentimeter,* hat aber eine hervorragende Steuerung per Smartphone.

Für Fotowalls, bei denen die Teilnehmenden Fotos von sich hochladen und die anderer liken können, arbeiten wir mit *Padlet* oder den Profilösungen von *click it*. *click it* bietet auch Fotostände für Hybrid- und Präsenzformate an und ist sehr gut in andere Lösungen integrierbar.

Eine Alternative für Kongressformate ist die Plattform *Hopin*. Hier können Sie einen hochwertigen Livestream einliefern oder alternativ ähnlich wie in einer Videokonferenz arbeiten. Die Plattform bietet sogar einen Greenroom an, d. h. einen Backstage-bereich, in dem man Zugeschaltete erst einmal online abholen kann, bevor sie auf Sendung gehen. *Hopin* bietet darüber hinaus die Möglichkeit paralleler Breakout-Sessions, die Gestaltung eines Konferenzprogramms inkl. Profilen der Referie-renden, und virtuelle Messestände. Die Messestände sind nicht so anpassbar wie bei rein virtuellen Messeplattformen, aber gut vergleichbar mit Roll-up-Display-Ständen in Konferenzforen. Weitere schöne Funktionen sind der integrierte Chat und die Networking-Funktion, mit der man sich per Zufallsprinzip mit anderen Teilneh-menden der Veranstaltung online austauschen kann.

Für Interaktionen bieten sich auch Plattformen wie *GoBrunch* oder *SpatialChat* an. Erfahrungsgemäß ist es hier besonders wichtig, den Teilnehmenden einen Grund zu geben, in den Interaktionsraum zu kommen. Oft finden sich hier nur wenige Teilnehmende, doch diese interagieren intensiv miteinander.

  Hier finden Sie noch Links zu weiteren Plattformen für Online-Events.

Meine Tipps für virtuelle Messen und Showrooms

Die obigen Plattformen eignen sich vor allen für Konferenzformate. Wenn Sie eine virtuelle Messe veranstalten wollen, sollten Sie eine darauf spezialisierte Plattform nutzen. Was sind die wesentlichen Funktionalitäten solcher Plattformen?

▶ Ein integriertes Registrierungstool, das in der Lage ist, zwischen Bereichen der Messe zu unterscheiden, die mit und ohne Anmeldung betreten werden können. Alternativ mit einer Schnittstelle zu externen Registrierungstools und idealerweise mit einer Import- und Exportschnittstelle für Teilnehmenden-Daten. Bestehende Kunden, deren Daten Sie bereits haben, sollten nicht dazu aufgefordert werden, bereits bekannte Informationen noch einmal einzutippen.
▶ Die Möglichkeit, folgende Elemente auf Messeständen so einzubetten, dass keine weitere Anmeldung erforderlich ist und die Anmeldedaten durchgeschleift werden:
  - Livestreams,
  - Chats für technischen Support und für Interaktion bei Livestreams,
  - Videos,
  - PDF-Dateien,
  - Fotos,
  - Audiodateien,
  - Gamification-Elemente wie digitale Schnitzeljagden, um Teilnehmende auf Stände zu locken,
  - Fotowalls,
  - Online-Abstimmungstools und
  - 3-D-Elemente, wo sinnvoll (z. B. im Maschinenbau).

- Ein verteiltes Benutzermanagement, bei dem Aussteller ihre Stände selbst bearbeiten können, ohne Zugriff auf die Stände anderer Aussteller oder Abteilungen zu haben.
- Ein responsives Design, d. h., die Plattform muss auf allen gängigen Endgeräten, bis hinunter zum Smartphone, gut nutzbar sein.

Spätestens am letzten Punkt scheitern viele Plattformen, denn die Komplexität einer virtuellen Messeplattform auf dem kleinen Display von Smartphones darzustellen erfordert eine Menge Kreativität.

Die Plattform, mit der wir in diesem Bereich arbeiten ist *expo-IP*. Der Anbieter aus Darmstadt erfüllt alle obigen Kriterien und entwickelt seine Plattform kontinuierlich weiter. Darüber hinaus hat *expo-IP* auch viele Partnerlösungen, die die Lösung um Funktionen erweitern. Das ermöglicht noch mehr Flexibilität, vor allem im Bereich des Registrierungsmanagements und der Integration von Videokonferenzlösungen. Dadurch ist es beispielsweise auch möglich, Teilnahmezeiten an Fortbildungsveranstaltungen zu tracken. Das ist in einigen Branchen Voraussetzung für die Anerkennung von Weiterbildungszeiten.

Unter dem folgenden Link finden Sie eine Liste von Add-Ins für *expo-IP*:

https://expo-ip.com/add-ons-erweitern-sie-ihr-digitales-event/

Meine Tipps für Virtual- und Augmented-Reality-Lösungen auf dem Weg ins Metaverse

Sie kennen meine kritische Haltung zum Thema Metaverse-Konferenzen – wenn nur „Metaverse" draufsteht, aber nicht drin ist. Eine technische Komponente eines zukünftigen Metaverse ist Virtual Reality, und hier gibt es bereits einige sehr gute Konferenzlösungen. Auch „Augmented Reality" wird immer leistungsfähiger und bietet im Eventbereich neue Möglichkeiten.

> **STICHWORT „Augmented Reality" (AR) bzw. „Virtual Reality" (VR).**
> Sie kennen sicherlich Ikea. Ikea hat eine AR- und eine VR-App. Die AR-App heißt *Places* und ist für die gängigen Smartphone-Plattformen verfügbar. Die Idee ist, dass Sie in der App Ihr Wohnzimmer durch die Smartphone-Kamera live sehen und darüber digitale Ikea-Möbel legen können. Damit können Sie sehr gut beurteilen, ob ein Sofa bei Ihnen ins Wohnzimmer passt. Die AR-App ist mittlerweile

sogar in der Lage, Ihr Wohnzimmer so smart zu vermessen, dass „passen" nicht nur farblich, sondern auch von den Abmessungen her gemeint ist.

  Hier ist der QR-Code zu einem Video, in dem Sie die Places in Aktion sehen.

„AR" ist somit eine Erweiterung der Realität durch überlagerte digitale Elemente. Das kann man auch wunderbar für Prospektmaterial nutzen. Heute ist es bereits über Webbrowser möglich, dass man 3-D-Objekte und -Videos angezeigt bekommt, wenn man über vorher definierte Punkte von Printmedien mit der Kamera geht. Dadurch können Sie beispielsweise auch eine digitale Visitenkarte bauen, auf der Sie sich mit einem kurzen Video vorstellen.

Die VR-App von Ikea hat einen anderen Ausgangspunkt. In IKEA-Einrichtungshaus gibt es Musterräume. In diesen Räumen können Sie aber immer nur eine Wandfarbe, einen Bodenbelag und nur eine Farbvariante der IKEA-Möbel ausstellen. In der VR-App befinden Sie sich komplett in einem digitalen IKEA-Ausstellungsraum und können jede Wandfarbe, jeden Bodenbelag und vor allem jede Produktvariante der IKEA-Produkte auswählen.

  Hier ist der QR-Code zu einem Video, in dem Sie die App in Aktion sehen.

Ähnliche Lösungen gibt es auch im Automobilbereich, denn Autohäuser können sich unmöglich alle Farbvarianten aller Automodelle in den Showroom stellen.

Bevor Sie sich mit Plattformen für das zukünftige Metaverse beschäftigen, sollten Sie sich einmal das obige Videointerview ansehen, in dem ich mit dem Metaverse-Experten Thomas Riedel darüber spreche, was das Metaverse voraussichtlich sein wird und wie die Schritte dahin voraussichtlich sein werden.

Aktuell ist die VR-Technologie für Events noch deutlich praktikabler als Augmented Reality, aber das wird sich mit zunehmendem technischen Fortschritt sicherlich ein Stück weit auflösen.

Plattformen im VR-Bereich, mit denen Sie heute bereits Events veranstalten können, sind unter anderem

- *Engage,*
- *Raum* und
- *SpatialChat.*

Darüber hinaus gibt es noch unzählige weitere Plattformen, aber diese drei haben aus meiner Erfahrung den stärksten Business-Fokus.

Am besten probieren Sie diese Plattformen einmal aus. Hierzu lade ich Sie herzlich zu unserem montäglichen VR-Business-Stammtisch ein. In dieser Runde testen wir regelmäßig neue Features der VR-Plattformen und diskutieren Anwendungsmöglichkeiten in der Praxis. Wenn Sie daran ohne Berechnung teilnehmen möchten, schreiben Sie mir einfach eine E-Mail an t.jekel@jekelteam.de. Sie erhalten dann den entsprechenden Einladungslink von mir.

Die Top-10-Tipps aus Kapitel 7

- Verschaffen Sie sich regelmäßig einen Überblick über neue Plattformen.
- Nutzen Sie *AppSumo*, um neue Plattformen kennenzulernen und Geld zu sparen.
- Verwenden Sie immer die Plattform, die für die Teilnehmenden am einfachsten zu nutzen ist.
- Bauen Sie immer einen Chat-Rückkanal ein und stellen Sie sicher, dass alle Redner und Moderatoren ihn lesen können.
- Überlegen Sie sich immer erst die zu erreichenden Ziele, bevor Sie eine Plattform dafür aussuchen.
- Denken Sie Messen neu – als Ganzjahres-Showrooms.
- Heute kann jeder ein eigenes internes TV-Format bauen.
- Schreiben Sie nicht „Metaverse" auf 2-D-PC-Veranstaltungen.
- Nutzen Sie die Chancen von Virtual Reality.

Schauen Sie sich Ideen von den Gamern ab.

8

Steuern Sie die Informations- Flut

Onlineinfos statt Druckerschwärze?

Kennen Sie das noch? Morgens beim Frühstück erst einmal die Zeitung lesen, die der Zeitungsbote gebracht hatte. Nachsendeaufträge oder Zeitungsgutscheine beauftragen, wenn man in Urlaub fuhr, und der Frust, wenn die Zeitung dann erst zwei Tage später da war. Viel Papiermüll durch den dicken Stellenanzeigenteil und die Kleinanzeigen.

Damit ist ja zum Glück Schluss, seit es das Internet gibt. Ich habe alle Informationen immer online zur Verfügung. Früher musste ich für die Zeitung bezahlen. Heute bekomme ich das meiste gratis. Schöne neue Welt.

Aber irgendwie finde ich es immer schwieriger, herauszufinden, welche Informationen wirklich stimmen, und in der Fülle die für mich relevanten Informationen herauszufiltern. Bei Gratisinfos werde ich mit Werbung überschüttet, und die guten Inhalte werden auf einmal teurer als die gute alte Zeitung.

Geiz ist eben doch nicht geil, sondern führt dazu, dass sinnvolle Angebote vom Markt verschwinden. Nicht nur *Praktiker* ist dank ruinöser Rabattaktionen mittlerweile insolvent, sondern auch viele Qualitätsmedien. Internetseiten für die Informationsbeschaffung sind heute für möglichst hohe Klickzahlen optimiert, um die Werbung an möglichst viele Menschen ausspielen zu können. Führt das zu einer besseren Verfügbarkeit von Informationen? Zu mehr Informationen auf alle Fälle. Zu besseren Informationen immer weniger.

Schlimmerweise breiten sich auch die Fake News wie ein Lauffeuer aus und werden auch noch fleißig geteilt. Nicht, dass es das nicht auch schon früher gegeben hätte – denken Sie nur an die gefälschten „Hitler-Tagebücher", denen selbst eine so renommierte Zeitschrift wie der *Stern* aufgesessen ist. Doch inzwischen braucht es keinen Journalisten und kein Pressemedium mehr, um gefälschte Nachrichten in Umlauf zu bringen. Jeder kann heutzutage vom heimischen Laptop aus via Facebook, Twitter & Co. alles von sich geben, was er mag, und sei es noch so verkehrt. Prominente Beispiele von über dem großen Teich gibt es da ja zuhauf. Und diese gefakten Meldungen sind so gut gemacht, dass sie uns in der Menge der Infos, die täglich auf uns einprasseln, nicht auffallen. Wir nehmen sie gutgläubig auf – wer hat denn schon die Zeit, alles zu verifizieren und zu recherchieren, was man liest oder hört?

Die gute Nachricht ist aber, dass es mittlerweile eine Gegenbewegung gibt. Es gibt immer mehr Qualitätsangebote, die gegen Geld werbefrei sind und gut recherchierten Journalismus liefern.

In diesem Kapitel schauen wir uns die drei größten Probleme im Informations-dschungel an, untersuchen die verfügbaren Medien und die besten Nutzungsstrategien.

Die drei Hauptprobleme bei der Nutzung von Online-Informationen und ihre Lösungen

So bequem es auch ist, sich immer und überall schnell mal online über die News des Tages zu informieren oder schnell mal zu „googeln", wie viele Wölfe es aktuell in Deutschland gibt: Wir zahlen oftmals einen Preis für diese Infos, den wir noch nicht einmal erkennen, und erhalten Infos, die nicht den Tatsachen entsprechen.

1. Bis wir die Infos finden, nach denen wir suchen, durchlaufen wir oft einige Filter, denn auch wenn Informationen scheinbar umsonst online zur Verfügung gestellt werden, werden wir auf dem Weg dorthin mit Werbung bombardiert, Informationen werden aus unseren Interessen gefiltert, wir werden mit Schlagzeilen geködert.
2. Immer bleibt das mulmige Gefühl, ob die Informationen, die wir gerade online gefunden haben, wirklich den Tatsachen entsprechen.
3. Und wenn wir dann die für uns relevanten Informationen bekommen haben, bleibt noch das Problem, was wir mit ihnen machen. Meist speichern wir sie direkt „vor Ort" ab, zu den anderen Tausenden von Informationen, die dort bereits warten.

Problem 1: Wir kommen nicht immer direkt an die benötigten Informationen

Die Fülle an verfügbaren Informationen wird immer unüberschaubarer. Als ich Anfang der 1990er-Jahre begann, im Internet zu surfen, war es noch schwierig, Informationen außerhalb des Technologiebereichs zu finden. In meiner Lesezeichensammlung hatte ich zu Beginn wirklich alle relevanten Webseiten zu Themen, die mich interessierten. Stand 2023 gibt es über 1,8 Milliarden Websites, und jedes Jahr kommen über 60 Millionen neu hinzu.

Die Suchmaschinen werden zwar immer besser dabei, relevante Ergebnisse für uns zu finden, aber gegen die schiere Masse der verfügbaren Informationen haben auch Google & Co. kaum eine Chance. Über zwei Millionen Suchtreffer auf eine Suchanfrage in Google sind keine Seltenheit, und nur 2 bis 3 Prozent der Nutzenden gehen über die erste Seite hinaus.

Das führt zu zwei Herausforderungen:

▷ Für die Anbieter von Informationen ist die Hauptfrage: Wie komme ich auf Seite eins der Suchergebnisse – ohne und mit Bezahlung?
▷ Für die Nutzer von Informationen ist die Frage: Wie finde ich die für mich relevanten Informationen möglichst komfortabel und wie stelle ich sicher, dass diese Informationen auch stimmen?

Die Problematik wird dadurch verstärkt, dass Informationen zur Commodity, zum Allgemeingut verkommen sind. Kaum jemand ist noch bereit, für Informationen zu bezahlen, denn sie ist ja überall gratis verfügbar. Dadurch müssen Verlage und Medienhäuser neue Einkommensquellen erschließen. Die Haupteinkommensquelle ist bezahlte Werbung – in der Regel nicht für eigene Produkte, sondern für Produkte, die für die Lesenden und Zuschauenden relevant sind.

Die Werbeindustrie hat erkannt, dass durch die Art der konsumierten Informationen sehr gut erkennbar ist, für welche Themen sich Leser*innen interessieren. Dadurch kann sehr zielgenaue Werbung ausgespielt werden und die Streuverluste sinken. Bei einem Plakat an der Bushaltestelle kann der Werbetreibende maximal noch die Merkmale des jeweiligen Wohngebiets bei der Werbeschaltung berücksichtigen. Spätestens wenn die Bushaltestelle zwischen einem Luxus-Wohngebiet und einem angrenzenden sozialen Brennpunkt liegt, versagt hier die Segmentierung.

Wenn Sie einen Online-Artikel über Urlaub in Kroatien lesen, ist die Wahrscheinlichkeit relativ groß, dass Sie für Werbeangebote und auch weitere journalistische Inhalte über Kroatien offen sind. Das ist für uns Info-Konsumenten Fluch und Segen zugleich. Auf der einen Seite erhalten wir weniger irrelevante Werbung. Auf der anderen Seite werden wir dadurch aber auch zunehmend manipuliert.

Klassische Medien werden zunehmend durch Social Media ersetzt. Das verstärkt das Problem der Blasenbildung: Wenn Sie mehrere Tausend Kontakte haben, ist es nicht möglich, dass Sie die Informationen aller Ihrer Kontakte angezeigt bekommen. Von daher ist eine Selektion der für Sie relevanten Inhalte erforderlich. Im besten Fall führt das zu einer Blasenbildung, in der die Informationen erscheinen, auf die Sie bisher positiv reagiert haben (durch Likes und Kommentare). Im schlechtesten Fall sehen Sie die Inhalte derer, die dafür den höchsten Preis bezahlen. In der Praxis ist es meist eine Mischung aus beidem.

Um die Reichweite in sozialen Netzwerken zu erhöhen, müssen Informationsanbieter sich immer mehr an den Spielregeln des Algorithmus orientieren. Da wird dann oft eher für mehr Reichweite als für bessere Informationen optimiert. Im schlimmsten Fall führt das zum sogenannten Click-Baiting. Damit sind Artikel mit reißerischen Überschriften gemeint, die Klicks generieren, in der Regel die Lesenden aber enttäuschen. Zum Glück wird das Absprungverhalten beim Google-Ranking mit berücksichtigt, also wie oft Leser*innen eine Seite schnell wieder verlassen, aber der Hebel der Klickzahlen ist leider in der Praxis wichtiger als der Relevanzhebel.

Problem 2: Wir können die Echtheit von Informationen nicht immer prüfen

Selbst wenn Sie für sich relevante Informationen gefunden haben, stellt sich die nächste Frage: Stimmen diese Informationen? Nicht erst seit Donald Trump ist das Thema Fake News ein sehr ernstzunehmendes Problem.

Abgeschrieben wurde früher auch bei Printmedien, und nicht alle Journalist*innen haben ihre Quellen immer sauber geprüft. Das bekannteste Beispiel hierfür ist sicherlich der bereits erwähnte Skandal um die vermeintlichen Hitler-Tagebücher im Jahr 1983, doch auch in neuerer Zeit gab es einen ähnlichen Fall: 2018 hatte ein *Spiegel*-Redakteur ebenfalls ganze Geschichten erfunden. War das ein Problem des *Spiegels*? Nein. Der *Spiegel* ist nur damit, als positives Beispiel, offen umgegangen und hat das Vergehen großflächig publik gemacht. Doch ist das eher die Ausnahme, und Reichweite ist heute King. Der Wahrheitsgehalt und die Substanz von Informationen stehen fast an letzter Stelle.

Ist das die Schuld der Medienschaffenden? Nein. Es ist genau wie bei „Geiz ist geil" und „30 % auf alles, außer Tiernahrung". Wir Konsumenten sind in vielen Bereichen nicht mehr bereit, für gute Leistung gutes Geld zu bezahlen. Die Konsequenz: Qualitätsangebote verschwinden vom Markt oder wir werden von Werbung überflutet.

Kann man das als Einzelner ändern? Nein, zumindest nicht kurzfristig. Umso wichtiger ist Medienkompetenz im digitalen Zeitalter.

Als ich 12 Jahre alt wurde, hat mein Vater mich dazu „animiert", täglich die *Frankfurter Allgemeine Zeitung* (FAZ) zu lesen. Das war die bei uns zu Hause abonnierte Tageszeitung. Glauben Sie mir, als 12-Jähriger war das zu Beginn nicht unbedingt meine Lieblingslektüre. Mein Vater war aber zum einen sehr hartnäckig, ließ mich zum anderen aber auch nicht damit allein, sondern führte mich gekonnt schrittweise an das Thema Zeitung heran. Als Teenager waren die Artikel im Bereich „Technik und Motor" spannend, und mit der Zeit habe ich auch die anderen Rubriken der *FAZ* für mich entdeckt. Mittlerweile gehört für mich die Zeitungslektüre immer noch zu meiner täglichen Routine.

Heute ist das Thema Medienkompetenz nur in den wenigsten Elternhäusern bereits ein Thema. Auch in den Schulen wird Medienkompetenz viel zu selten vermittelt.

Früher war nicht alles besser – ganz im Gegenteil –, aber es gab deutlich weniger Medienangebote. In meiner frühen Kindheit gab es drei Fernsehkanäle. Heute gibt es Tausende. Das ermöglicht uns, Kanäle für ganz spezielle Interessen zu nutzen. Es gibt beispielsweise top-qualitative Kanäle zum Thema Geschichte. In der Fülle der Angebote den Überblick zu behalten, ist aber eine immer schwieriger zu meisternde Herausforderung.

Die Künstliche Intelligenz (KI) verspricht eine vermeintliche Lösung für dieses Dilemma. Das Problem daran: Die KI basiert auf den im Internet verfügbaren Informationen, die zum Großteil aber nicht immer der Wahrheit entsprechen. Die KI prüft die Echtheit dieser Informationen in der Regel nicht. Darüber hinaus gibt es noch weitere Fehlermöglichkeiten bei der Auswertung von Informationen. Ist KI deshalb schlecht? Nein, denn sie ermöglicht es uns, eine Fülle von Informationen in kürzester Zeit zu strukturieren und aufzunehmen. Idealerweise sollte KI durch Menschliche Intelligenz (MI) ergänzt werden. Leider wird der MI-Teil in der Praxis häufig vergessen.

Problem 3: Wir speichern Informationen nicht organisiert ab

Künstliche Intelligenz wird auch als das neue Allheilmittel angesehen, um auf die Informationen zuzugreifen, die man dauerhaft für sich abspeichern möchte. Doch auch hier arbeiten wir dabei oft am Symptom statt an den Ursachen. Im Kapitel über E-Mails haben wir bereits gesehen, dass viele Menschen für sich kein System haben, mit dem sie Informationen „loswerden", also dauerhaft organisiert abspeichern können.

News kommen heute über die verschiedensten Kanäle rein, wie Printmedien, Blogs, Social Media und Newsletter. Die meisten Menschen speichern sie dann auch in den entsprechenden Kanälen ab, d.h. da werden digitale Lesezeichen in den unterschiedlichen Plattformen gesetzt. Kaum jemand hat für sich ein einheitliches System geschaffen, in dem die Infos aus den verschiedensten Kanälen strukturiert abgespeichert, organisiert und regelmäßig ausgemistet werden.

Selbst innerhalb der Systeme haben die meisten kein richtiges System des organisierten Abspeicherns und Ausmistens. Da werden Lesezeichen einfach unsortiert abgespeichert oder die Favoritenleiste zieht sich über mehrere Bildschirme hinweg. Das ist eigentlich nicht die Idee einer Schnellzugriffsleiste.

In der analogen Welt hatten einige Menschen einen Ordner, in dem sie sich Artikel aus Zeitungen und Zeitschriften abhefteten. Darauf konnten sie zwar nicht mobil zugreifen, aber das persönliche Pressearchiv war auch dann verfügbar, wenn es eine Zeitung oder Zeitschrift einmal nicht mehr gab. Wenn heute eine Online-Plattform geschlossen wird, sind in der Regel Ihre darin gespeicherten Informationen ebenfalls verloren. Ein Beispiel hierfür sind Xing-Gruppen, die eingestellt wurden.

Wenige besser organisierte Menschen nutzen bereits ein digitales Notizsystem, um alle Infos an einer Stelle abzuspeichern. Vom Grundsatz her ist das auch meine empfohlene Strategie. Diese wird aber selten bis zum Ende konsequent umgesetzt.

Da werden reine Online-Notizsysteme genutzt, die offline nicht verfügbar sind. Es werden Systeme genutzt, die es nur auf einer Plattform, z.B. für den Mac oder das iPad, gibt. Wenn man das System wechselt, müssen die Notizen mühevoll umgezogen werden. Auch auf Smartphones sind die Systeme nicht immer verfügbar. Damit erfüllen sie die wichtigsten Kriterien nicht: Sie sind nicht dauerhaft auf allen Systemen und auch offline verfügbar und nicht immer automatisch synchron.

In den wenigsten Notizsystemen werden dann auch Ordnerstrukturen, Kategorien oder Tags so genutzt, dass die Informationen leicht im Zugriff sind und für die eigene Recherche genutzt werden können.

Natürlich ist die Einrichtung und auch die Pflege eines solchen Informationssystems Arbeit. Die Arbeit lohnt sich sehr, wird von den meisten aber gescheut. Da sucht man sich lieber wieder ein neues KI-Tool, mit dem man auf seine Informationen zugreifen kann. Die gute Nachricht: Die KI-Tools sind mittlerweile so gut, dass Sie mit Ihren Informationen chatten können. Die schlechte Nachricht: Wenn Sie schlechte Fragen an die KI stellen, bekommen Sie auch schlechte Antworten von ihr. Da ist eben immer noch MI gefragt.

Bevor wir wie immer zu den Lösungen kommen, hier wie gewohnt noch mal die Probleme im Überblick:

- Problem 1: Wir kommen nicht immer direkt an die benötigten Informationen.
- Problem 2: Wir können die Echtheit von Informationen nicht immer prüfen.
- Problem 3: Wir speichern Informationen nicht organisiert ab.

Lösung für Problem 1: Nutzen Sie Basisstrategien zum Finden der für Sie relevanten Informationskanäle

In der Fülle der verfügbaren Informationskanäle gibt es nicht die perfekten Informationskanäle, sondern die für Sie relevantesten. Wichtig ist, diese für sich zu finden und sich ein System zu schaffen, mit dem Sie die für Sie wichtigen Informationen finden, wenn Sie danach suchen, und mit dem Sie auch durch neue Informationen angeregt werden.

Analog zum Essen gibt es hier auch Fastfood und nahrhafte Infohappen. Der natürliche Impuls ist oft Fastfood. Das ist schneller aufzunehmen. Leider sättigt es den Informationshunger meist nur sehr kurzfristig. Wenn Sie permanent Liveticker zu Krisengebieten in der Welt verfolgen, bleibt Ihnen einfach nicht mehr die Zeit, um sich einmal tiefgründiger mit den Hintergründen dieser Konflikte zu beschäftigen.

Die gute Nachricht: Hintergrundinformationen werden heute immer besser aufbereitet und sind damit schon fast so schmackhaft wie Info-Fastfood. Zu meiner Kindheit gab es das *Telekolleg* im Dritten Fernsehen. Heute gibt es YouTube-Infokanäle wie *MrWissen2go*, in denen Geschichte und Politik hochspannend vermittelt wird. Bei heute über 51 Millionen YouTube-Kanälen ist es mittlerweile unmöglich geworden, alle guten Infokanäle zu verfolgen. Dafür gibt es aber für so ziemlich alle Fachbereiche sehr guten und sogar häufig kostenfreien Content. Das gilt auch für Audiomedien wie Podcasts. Mittlerweile gibt es über 2,4 Millionen Podcasts (Stand 2023). Da einen Überblick zu behalten, ist definitiv eine Herausforderung.

Aus meiner Erfahrung haben sich drei Basisstrategien bewährt, um die Informationskanäle zu finden, die für Sie relevant sind:

▹ Nutzen Sie **Menschliche Intelligenz** (MI). Fragen Sie gut informierte Menschen in Ihrem Umfeld, welche guten Informationskanäle sie empfehlen können. Das können Sie entweder persönlich oder auch sehr gut über Social Media tun. Heute ist es auch in vielen Systemen möglich zu sehen, auf welche Quellen Ihr eigenes Netzwerk zurückgreift. In Ihrem LinkedIn-Feed wird beispielsweise auch das angezeigt, was Ihre direkten Kontakte liken und kommentieren.
▹ Die zweite Empfehlung geht einen Schritt weiter: Nutzen Sie **Empfehlungs-Seiten** oder **Portale**. Natürlich sind Top-Charts nicht immer ein Qualitätsmerkmal, aber zumindest ein Indikator und guter Startpunkt. Mittlerweile gibt es Portale zu fast allen Medienarten. Es gibt mit *Mediasteak* sogar eine Webseite, auf der Sie die „Filetstücke der Mediatheken" der Fernsehsender finden. Für mich ein tolles Beispiel für ein solches Portal. Wenn ich Lust auf Fernsehen habe, starte ich meistens bei *Mediasteak* und finde dort immer eine spannende Reportage oder Doku-

mentation zu einem Thema, das mich weiterbringt. Solche Portale gibt es auch für Bücher und Podcasts. Häufig bieten diese sogar die Kombination aus redaktioneller Bewertung, Top-Charts und den Reviews derjenigen, denen Sie folgen.

▹ Die dritte Strategie: Nutzen Sie **öffentliche Leihbibliotheken**. Jetzt fragen Sie bestimmt: „Oh, die gibt es noch?" Ja, die gibt es noch, und die gute Nachricht: Es gibt sie heute in den meisten Fällen sogar online und mit Apps für alle Plattformen und Endgeräte. Damit haben Sie das Beste aus beiden Welten: die kurative Leistung guter Bibliothekare und den einfachen Zugriff in der Online-Welt.

Lösung für Problem 2: Nutzen Sie Qualitätsmedien und Faktenchecker

Selbst seriöse Nachrichtenmagazine wie der *Spiegel* sind nicht vor Fehlinformationen gefeit und die Versuchung, Geschichten dramaturgisch zu optimieren, um mehr Lesende zu gewinnen, ist groß. Aber mit bekannten Qualitätsmedien zu starten ist grundsätzlich eine gute Idee. Alle führenden überregionalen Tages- und Wochenzeitungen haben mittlerweile auch Webseiten, auf denen Sie kostenfreie Blogartikel, kostenpflichtige Artikel und weiterführende Informationen finden. Neben den klassischen Tageszeitungen in Deutschland lohnt auch ein Blick über die Landesgrenzen hinaus. Die *Neue Zürcher Zeitung* (NZZ) hat beispielsweise eine sehr gute Berichterstattung über die deutsche und europäische Politik.

Die klassischen Tageszeitungen bieten ihren Abonnenten auch oft einen Zugriff auf deren Archiv aller Ausgaben an. Vor allem das *Handelsblatt*-Archiv ist sehr gut nach Themen und Schlagworten durchsuchbar.

Neben den klassischen Zeitungsverlagen haben sich auch neue seriöse Medienhäuser gebildet. Die meisten von Ihnen kennen sicherlich die von Gabor Steingart gegründeten *Media Pioneers*. Diese bieten Qualitätsjournalismus in einem Freemium-Modell an. Bereits die kostenfreien Inhalte sind hochwertig, und im Bezahlbereich können Sie noch tiefer gehen. Es gibt darüber hinaus aber noch weitere ähnliche Portale, wie die *Krautreporter*.

Es gibt mittlerweile auch Webseiten, auf denen Sie Fakten überprüfen können. Diese gibt es für die verschiedensten Bereiche. Damit können Sie Zahlen, Daten, Fakten, Mythen und auch die Echtheit von Zitaten verifizieren. Wie wichtig das Thema Faktencheck ist und wie schnell Fake News generiert werden können, sehen Sie sehr gut auf der Seite von *CORRECTIV*. Auf dieser Seite werden Fake News nicht nur dargestellt, sondern auch die Art der Verfälschung beschrieben. Das hilft dabei, die Sensibilität für dieses Thema zu erhöhen.

Zu Zeiten von KI wird das immer wichtiger, da die KI vom Grundsatz her erst einmal alle Informationen logisch verknüpft, die sie im Internet findet – auch die nicht korrekten. Plattformen wie *NewsGuard* veröffentlichen mittlerweile einen regelmäßigen „Misinformation Monitor", der auch von KI erzeugte Informationen auf ihren Wahrheitsgehalt überprüft.

Es gibt auch schon Webseiten, auf denen Sie Texte hochladen können und die Ihnen dann eine prozentuale Wahrscheinlichkeit darüber geben, ob sie mit KI geschrieben wurden.

Lösung für Problem 3: Schaffen Sie sich Ihre eigene Wissensdatenbank

Wenn Sie für sich relevante Informationen gefunden haben, die idealerweise auch faktengecheckt sind, sollten Sie ein System haben, mit dem Sie danach auch noch darauf zugreifen können. Hierbei unterscheide ich zwischen zwei Arten von Informationsquellen: dynamischen und statischen.

Dynamische Informationsquellen sind seriöse Seiten, auf deren seriösen Content Sie regelmäßig zugreifen möchten. Dazu gehören beispielsweise Seiten der von Ihnen abonnierten Online-Zeitungen oder Faktencheck-Portale wie CORRECTIV. Diese sollten Sie in einer möglichst übersichtlichen Lesezeichenliste verwalten, die Sie auf allen Geräten im Zugriff haben können. Idealerweise nutzen Sie einen Lesezeichenmanager, der auf allen Geräten immer automatisch synchronisiert wird und der auch auf Ihrem Smartphone als App verfügbar ist.

Die zweite Art von Quelle sind **statische Informationen**. Auf statische Informationen möchten Sie im Nachgang noch Zugriff haben. Dazu gehören u.a. bestimmte Zeitungsartikel und Blogbeiträge. Natürlich kann man diese auch einfach als Lesezeichen bookmarken, aber zum einen kann man sie damit nicht im Volltext durchsuchen, und zum anderen kommt es immer wieder vor, dass Artikel nicht dauerhaft online verfügbar bleiben. Das gilt auch für Konferenzen und Anbieter von Trend-News. Häufig sind solche Seiten nur kurzfristig online und ich habe mich schon oft geärgert, wenn hinter einem gespeicherten Lesezeichen eine „404-Meldung" für „nicht mehr verfügbar" erscheint.

Für diese Art von Informationen sollten Sie sich idealerweise ein digitales Notizsystem schaffen. Was ist der Vorteil der digitalen Variante gegenüber dem Papier-Ordner? Zum einen können Sie die Daten leichter mitnehmen, durchsuchen, kommentieren, weiterbearbeiten und teilen. Das sind auch die Entscheidungskrite-

rien, nach denen Sie das System auswählen sollten, das Sie zu Ihrer Informations-
datenbank machen.

Wenn Sie beispielsweise nie den Zugriff auf Ihre Infodatenbank über Ihr Smartphone benötigen, kann eine reine webbasierte Lösung für Sie am besten geeignet
sein. Gut orientieren können Sie sich an den Auswahlkriterien für Ihr Notizsystem.
Idealerweise kombinieren Sie sogar Ihr persönliches Notizsystem mit Ihrer Infodatenbank. Ich persönlich nutze für beides *OneNote*. Lesen Sie dazu gern noch einmal
Kapitel 3.

Tipps zum Auffinden der relevanten Informationen

Es sagt sich so leicht: „Finden Sie die für Sie richtigen Informationskanäle." Natürlich lasse ich Sie damit nicht allein, sondern gebe Ihnen aus meiner Erfahrung Tipps,
wie Sie an die für Sie relevanten Infos kommen.

Meine Lieblingslinks zu Mediatheken, Blogs und Podcasts

Welche die besten Websites, Blogs und Podcasts für Sie sind, hängt natürlich von
Ihren persönlichen Interessen ab. Hier aber einmal einige der aus meiner Sicht
besten Informationsquellen, die ich immer wieder gern empfehle.

Zum Thema **Mediatheken der Fernsehsender** kann ich *Mediasteak* und *Mediathek-
View* sehr empfehlen. Bei *Mediasteak* liegt der Schwerpunkt eher auf den aktuellen
Sendungen, die oft auch nur kurz verfügbar sind, und auf deren redaktionellen Bewer-
tungen. *MediathekView* ist eine Software mit Suchfunktion, über die Sie sehr gut nach
Themen suchen können. Gefundene Sendungen können Sie dann ansehen oder sogar
auch herunterladen. Bitte beachten Sie beim Herunterladen die Urheberrechte.

Hier finden Sie die Links zu meinen Lieb-
lings-Mediatheken.

Ein guter Einstieg in das Thema Podcasts sind die Top Rankings in der *Apple Podcast-App*. Dort können Sie sehr tief nach Kategorien gehen, und die Kommentare sind meistens auch konstruktiv. Alternativ können Sie auch die Seite *podwatch.io* besuchen. Dort wird auch Spotify bei den Rankings mit berücksichtigt.

Bei Webseiten bin ich ein großer Freund von Blogs. Die meisten Seiten von Zeitungen und Medienhäusern sind sogar als Blog aufgebaut. Eine sehr gute Blog-Suchmaschine nach Themen ist *trusted-blogs.com*. Dort können Sie in einem Suchfeld Ihr Thema eingeben und erhalten dann Blogposts zu diesem Thema. Damit können Sie sehr schnell Blogbeiträge zu Themen finden.

Über einen RSS Reader, wie *Feedly* und *Mediat* können Sie alle Blogs auch bequem in einer App verfolgen.

Hier finden Sie die Links zu meinen Lieblings-Blogs.

Ein weiterer Ansatzpunkt zum Thema Blogs sind Podcasts, denn die meisten Podcasts haben auch einen Blog. Oft führen Podcaster auch Interviews. Darüber habe ich auch schon tolle Podcasts und auch Blogs entdeckt.

Hier finden Sie die Links zu meinen Lieblings-Podcasts.

Nach Google ist YouTube die zweitgrößte Suchmaschine der Welt. Wenn Sie dort spannende Kanäle gefunden haben, sollten Sie diese abonnieren. Dadurch können Sie Ihre Lieblinkskanäle nicht nur gut organisieren, sondern erhalten auch weitere Video-Empfehlungen auf dieser Basis.

Meine Lieblingslinks für Bücher, Zeitschriften und Hörbücher

Neue **Bücher** können Sie wunderbar über *Amazon* entdecken, denn *Amazon* schlägt Ihnen immer gute neue Bücher auf der Basis Ihres Kaufverhaltens vor. Ergänzend dazu kann ich die Plattform *Goodreads* sehr empfehlen. Dort werden Bücher bewertet und beschrieben. *Goodreads* nutze ich auch, um zu tracken, welche Bücher ich bereits gelesen habe. Praktisch ist auch, dass Sie bei Serien immer die Reihenfolge der Titel sehen.

Für **eBooks** nutze ich meist die Plattform *Skoobe* Das ist eine Alternative zu *Kindle unlimited,* und dort bekommen Sie in der App und per Newsletter immer gute Leseempfehlungen.

Bei *Skoobe* finden Sie auch **Hörbuchtitel**. Die Auswahl ist zwar deutlich geringer als beim Klassiker *Audible,* aber dafür erhalten Sie die Audiobooks für einen geringen Aufpreis auf die eBook-Flatrate.

Wenn Sie sich bei Ihrer **örtlichen Leihbibliothek** online anmelden, finden Sie dort auch immer wieder gute neue Titel, die von Profis in den Bibliotheksbestand aufgenommen wurden. Darüber hinaus finden Sie auch viele Tageszeitungen bei Onleihe.

Für Zeitschriften gibt es noch die **Zeitschriften**-Flatrate *Readly.* Dort finden Sie über 6.000 Zeitschriftentitel, die Sie für eine monatliche Flatrate lesen können.

Hier finden Sie die Links zu meinen eBook-Portalen.

Tools für Ihre persönliche Informationsdatenbank

Für dynamische Informationen, auf die ich regelmäßig zugreife, nutze ich *Raindrop. io*. Damit habe ich meine Lesezeichen auf allen meinen Rechnern im Browser und auf iPhone und iPad sogar als App immer dabei. In der bezahlten Variante von *Raindrop.io* gibt es sogar die Möglichkeit, den Inhalt von Webseiten auch offline abzuspeichern. Für solche statischen Informationen empfehle ich aber eher eine andere

Strategie. Von daher nutze ich *Raindrop.io* ausschließlich für meine dynamischen Informationen. *Raindrop.io* hat übrigens eine sehr praktische Funktion, mit der tote Links automatisch erkannt und aussortiert werden. Das hilft dabei, die Übersicht zu behalten, aber die Informationen sind trotzdem weg.

Von daher empfehle ich Ihnen die Nutzung von *OneNote* für Ihr persönliches Informationsarchiv. Für die gängigen Webbrowser gibt es Clipping-Erweiterungen. Damit können Sie eine Notiz im Browser an Ihr Notizbuch senden. Beim Ausschneiden werden Sie gefragt, in welcher Form Sie die Seite abspeichern wollen. Ich empfehle, die komplette Seite abzuspeichern. Damit haben Sie die ganze Seite in *OneNote*, inklusive dem Teil, den Sie erst nach dem Scrollen sehen. Die Seite wird auch mit allen Links abgespeichert. Wenn es die Seite noch gibt, können Sie diese dann auch direkt aus der Notiz abrufen. Die Notiz können Sie im Volltext durchsuchen, und wenn die Seite vom Netz genommen wird, ist sie für Sie immer noch im Zugriff. Darüber hinaus können Sie die Webseite auch kommentieren und Informationen ergänzen, löschen oder ändern. Wenn mehrere im Team Zugriff auf Ihr Notizbuch haben, schaffen Sie damit sogar ein Team-Archiv. Wenn Sie nur einzelne Informationen weitergeben wollen, können Sie das auch, als Link, Text oder PDF-Datei.

Wenn Sie Ihr Notizbuch öffentlich zugänglich machen und in eine Webseite integrieren wollen, sollten Sie auch einen Blick auf *Notion* werfen. Das ist in diesem Bereich noch etwas stärker als *OneNote* und wird von vielen Unternehmen als Support-Webseite genutzt. *Notion* ist in der Pflege deutlich leichter als *OneNote*.

Die Top-10-Tipps aus Kapitel 8

▷ Sie zahlen entweder mit Werbung, Ihren Daten oder Geld. Entscheiden Sie.
▷ Viele gute Tageszeitungen haben auch hochwertige Blogs.
▷ *Media Pioneers, Krautreporter* und die *Lage der Nation* sind gute Beispiele für Qualitätsjournalismus.
▷ Viele gute Podcasts haben auch gute Blogs.
▷ Mit *Feedly* haben Sie alle Ihre Blogs auf einer Webseite.
▷ Mit einem RSS-Reader auf dem iPad sind Ihre Blogs auch offline immer dabei.
▷ Nutzen Sie einen RSS-Reader mit einer Schnittstelle zu Ihrem Notizensystem. Dann haben Sie das perfekte Ablagesystem.
▷ Mit *Readly* gibt es eine sehr gute Zeitschriften-Flatrate.
▷ Über *Onleihe* haben Sie Zugriff auf fast alle Tageszeitungen.
▷ Mit *Mediasteak* erhalten Sie Zugriff auf die „Filetstücke der Mediatheken".

9

Optimieren Sie Ihre Social-Media-Strategie

Ruhe sanft, Facebook?

Kennen Sie das? Sie haben jahrelang Follower auf Facebook oder Xing aufgebaut, Sie haben Gruppen eingerichtet, um Ihre Zielgruppe zu erreichen, und auf einmal wird die Gruppe geschlossen. Xing hat die Gruppenfunktion komplett abgeschafft, und bei Facebook werden Gruppen auch einfach mal eben geschlossen.

Macht aber nichts, denn Facebook ist ja tot. Heute gehen alle auf Instagram, YouTube Shorts und auf TikTok.

Muss ich da jetzt überall sein? Muss ich da unterschiedliche Inhalte posten? Wie lang dürfen die Beiträge sein? Wie funktioniert der Algorithmus? Fragen über Fragen, und wenn man meint, eine Antwort gefunden zu haben, kommen wieder neue Plattformen mit neuen Spielregeln.

Der Kampf um die Aufmerksamkeit der Social-Media-Nutzer wird immer härter. Allein schon die schiere Nutzeranzahl macht es für die Plattformen zur Herausforderung, sicherzustellen, dass jeder die für ihn oder sie relevanten Informationen erhält und damit möglichst viel Zeit auf der Plattform verbringt.

Da heute so gut wie jeder ein Smartphone besitzt, damit in jeder freien Sekunde in Bus oder Bahn, im Wartezimmer oder beim Frisör seine Social-Media-Kontakte durchforstet oder „Ich bin hier"-Snaps postet und dann zu Hause in aller Ruhe das neuste Video seiner Katze oder des Hundes ins Netz stellt, lohnt sich die Mühe: Populäre soziale Netzwerke werden mit treuen Nutzer*innen belohnt, mit denen sich über Werbespots viel Geld machen lässt.

Doch wie lädt man seine Inhalte am besten hoch? In welchem Format, in welcher Länge? Wie erreicht man seine Peergroup am besten, wie regnet es die meisten Likes? Wie schafft man es, dass die Posts „ganz oben" in den Feeds angezeigt werden?

Da die meisten Plattformen ihren Algorithmus laufend optimieren und diesen auch nicht veröffentlichen, gibt es im Bereich Social Media viele Vorurteile und solides Halbwissen. Auf der einen Seite werden Systeme total überschätzt. Auf der anderen Seite werden viele Systeme unterschätzt. Was macht für wen Sinn und wie können Sie mit einfachsten Mitteln präsent sein? Wie können Sie Ihre Zielgruppe adressieren und auch interessieren, und wie bleiben Sie interessant?

STICHWORT „Algorithmus". Vereinfacht ausgedrückt entscheidet ein Algorithmus darüber, was Sie im Internet sehen und was nicht. Er ist z.B. dafür
verantwortlich, welche Anzeigen wem auf einer Dating-Webseite angezeigt
werden, welche personalisierten Werbeanzeigen erscheinen und auch, in
welcher Reihenfolge die Ergebnisse in Suchmaschinen gelistet werden.
Einige nennen ihn das „Herz" oder den „Motor" einer Online-Plattform. Die
meisten Plattformen geben wie gesagt nicht preis, wie ihr Algorithmus funktioniert, dennoch lassen sich aus Erfahrung einige Vorgehensweisen ableiten,
die zu besserer Sichtbarkeit der eigenen Posts führen.

Nicht wenige haben sich in den sozialen Medien versucht und sind kläglich geschei-
tert. Wenn Sie die folgenden drei Probleme und ihre Lösungen beachten, gehören
Sie höchstwahrscheinlich nicht dazu.

Die drei Hauptprobleme bei der Nutzung der sozialen Medien und ihre Lösungen

In diesem Kapitel treffen wir auf die drei Hauptprobleme im Umgang mit sozialen
Medien:

1. Wir glauben oft und gern dem allgemeinen Tenor und vergessen, dass jeder
   Auftritt in Social Media individuell gestaltet werden muss.
2. Oft wird dann das eigene Unternehmen, das Produkt oder gar die eigene Person
   ins Zentrum der Posts gerückt – und das auf den Plattformen, die wir bevorzugen;
   die Bedürfnisse und Interessen der Zielgruppen bleiben dabei außen vor.
3. Und wenn wir schon posten, dann bitteschön richtig: Alles muss stimmen, man
   zeigt sich ja schließlich der Öffentlichkeit. Und so sieht der Post dann auch aus.

Problem 1: Wir verlassen uns auf Pauschalaussagen

Im Bereich Social Media gibt es viele Pauschalaussagen, die sich bei näherer
Betrachtung als unwahr herausstellen oder zumindest zu grob vereinfacht wurden.

Die wohl häufigste Pauschalaussage, die ich immer wieder höre und lese, ist *„Facebook* ist tot". In Teilbereichen macht diese Aussage durchaus Sinn. Im Bereich der

jüngeren Zielgruppen wächst *TikTok* beispielsweise deutlich schneller als *Facebook*, aber *Facebook* ist in Deutschland mit einer Nutzungsquote von 68 Prozent aller Internetnutzenden über 16 Jahre immer noch die dominierende Plattform. Während jüngere Zielgruppen auf *TikTok* abwandern, melden sich stetig neue Silver Surfer auf *Facebook* an.[3]

In den seltensten Fällen wird jedoch die Grundidee des jeweiligen Social Networks verstanden. So ist die Grundidee der Plattform *Instagram* „Posts von schönen Menschen". Das führt beispielsweise dazu, dass bebilderte Fachinformationen auf Instagram kaum ausgespielt werden. Wenn schon Pauschalaussage, dann bitte eine Pauschalaussage zur Idee der jeweiligen Plattform, denn diese ist relativ stabil, und wenn man die Idee einer Plattform verstanden hat, versteht man auch leichter, wie sich deren Algorithmus weiterentwickelt.

Noch schlimmer als Pauschalaussagen zum Nutzungsverhalten der Plattformen sind die Aussagen zu deren Algorithmen. Da gibt es einen bunten Mix an Statements, die zu einem bestimmten Zeitpunkt sogar mal gestimmt haben – nur eben meist nicht mehr aktuell sind.

So gibt es viele sogenannte Expert*innen, die behaupten, dass sie genau wüssten, wie der Algorithmus funktioniert – und das nicht nur für eine, sondern gleich für alle sozialen Plattformen. Allein an den monatlichen Änderungen des *LinkedIn*-Algorithmus dranzubleiben ist schon fast ein Fulltimejob. Die Plattformen sind heute so komplex, dass man mehrere Expert*innen pro Plattform benötigt. Der Experte für die Gestaltung von *Facebook*-Anzeigen braucht eine ganz andere Expertise als seine Kollegin, die sich damit beschäftigt, wie man in einer *Facebook*-Gruppe möglichst viel Interaktion erreicht.

Wir haben uns jetzt vor allem mit dem Thema „Social Media" beschäftigt, denn E-Mail-Marketing ist doch tot – oder? Das ist eine weiterer weitverbreiteter Mythos. Social Media verkauft nicht, sondern schafft eine Beziehung, auf deren Basis dann verkauft werden kann. E-Mail-Marketing verkauft direkt, wenn man seine E-Mail-Liste strategisch aufbaut und pflegt. Dazu gehört auch relevanter Content vor Werbung. Von daher gelten auch hier viele der Grundprinzipien aus dem Bereich Social Media.

Nur in den wenigsten Unternehmen werden die E-Mail-Marketing- mit den Social-Media-Aktivitäten so smart aufeinander abgestimmt, dass es einen logischen Kommunikationsmix für die Zielgruppe gibt.

Bei Social Media ist es ein bisschen wie beim Fußball vor allem zu Zeiten der WM. So wie es dann in Deutschland 80 Millionen Bundestrainer gibt, gibt es auch mindestens 80 Millionen Social-Media-Expert*innen. Jeder hat schon mal einen Blogbeitrag oder einen Post zu diesem Thema geschrieben, und seit dem Start von *ChatGPT* schreiben nicht nur Menschen, sondern auch die KIs voneinander ab. Das Ergebnis wird dabei meistens nicht besser.

Wer sich auf die Pauschalaussagen anderer verlässt oder gar eigene aufstellt und sich bei seinen Social-Media-Aktivitäten darauf verlässt, wird meist schnell verlassen: von seinen Followern und Werbekunden.

Problem 2: Wir posten an der Zielgruppe vorbei

Leider denken viele Unternehmen beim Thema Social Media nicht an die Empfänger-Seite, sondern nur an die Sender-Seite. Da werden die Social-Media-Plattformen bespielt, die man selbst kennt und nutzt. Das geht so lange gut, wie die Zielgruppe die gleichen sozialen Netzwerke nutzt wie die Führungskräfte im Unternehmen. Das in der Praxis aber eher selten der Fall.

Es wird selten eine strukturierte Zielgruppenanalyse durchgeführt, die herausar-beitet, welche Zielgruppen für welches Produkt des Unternehmens relevant sind und auf welchen Social-Media-Plattformen diese Zielgruppen unterwegs sind.

Noch seltener wird differenziert, für welche Bereiche ihres Lebens die Zielgruppe auf welcher Plattform unterwegs ist. So wird häufig nicht die Chance genutzt, dass man einen Entscheider u.a. privat auf Instagram und dienstlich auf LinkedIn erreicht. Stattdessen wird dann gern auf allen Kanälen der gleiche Content ausgespielt. Mich nervt das als Nutzer, denn dann habe ich das Gefühl, dass ich nicht nur Mails und Messenger-Nachrichten, sondern auch Social-Media-Posts mehrfach erhalte. Die Reaktion ist dann oft das Entfolgen auf allen Plattformen.

In diesem Zusammenhang wird auch oft nicht verstanden, welche Medienarten auf welcher Plattform gut funktionieren. Da werden dann Textwüsten auf Instagram geschrieben oder private Videos auf LinkedIn gepostet.

Wenn gepostet wird, wird auch entweder das Unternehmen oder die jeweilige Person gefeiert. Da wird dann geschrieben, wie toll das Unternehmen, das Produkt oder das Team ist, und es wird vergessen, die magische Frage der Nutzenden zu beantworten: „What's in it for me?", d. h., was habe ich von diesem Post?

Natürlich gilt auch in Zeiten von Social Media der alte Spruch „Sieger wollen von Siegern kaufen", aber ich kenne beispielsweise eine Rednerkollegin, die früher fast ausschließlich Selbstmarketing-Posts verfasst hat. Als sie ihr Postverhalten auf für die Zielgruppe relevanten Content umgestellt und jeden Tag relevante Tipps gepostet hat, hat sich ihre Reichweite deutlich erhöht.

Viele haben leider das Konzept des Content Marketings noch nicht verstanden. Kaum jemand fragt sich: „Welche Herausforderungen hat meine Zielgruppe und welche Tipps kann ich auf Social Media liefern, um diese Herausforderungen zu meistern?" Und wenn dann angefangen wird, gute Tipps umzusetzen, wird das nicht regelmäßig durchgehalten. Man fällt entweder schnell wieder in Ego-Posts zurück oder es erscheinen wochenlang keine Posts. Wenn dann keine Reichweite erzielt wird, ist es kein Wunder, denn die wichtigsten Kriterien für Reichweite sind die Relevanz für die Zielgruppe und die Regelmäßigkeit – allerdings auch nicht zu oft. Wie oft, das hängt von der Plattform ab. Im Online-Bereich zu diesem Buch erhalten Sie immer ein paar aktuelle Tipps zu diesem Thema.

Problem 3: Wir wollen zu perfekt sein

Einer der häufigsten Gründe, weshalb Unternehmen nicht regelmäßig auf Social Media präsent sind, ist die Perfektionsfalle. Gerade in Konzernen herrscht alles andere als eine Fehlerkultur. Es herrscht meistens eher eine Absicherungskultur nach dem Motto „Ja nichts falsch machen". Da müssen Social-Media-Beiträge schon perfekt sein, bevor man sie postet. Natürlich müssen die Beiträge auch im Corporate Design erscheinen. Die Grafiken müssen aufwendig erstellt werden und Filme müssen natürlich von einer professionellen Agentur gedreht werden.

Da dieses Procedere viele Abstimmungsschleifen beinhaltet, benötigt man dafür viel Vorlaufzeit. Wenn die Vorlaufzeit bis zur Veröffentlichung mehrere Wochen beträgt, wird es unmöglich, auf tagesaktuelle Themen zu reagieren.

Dann merken die Lesenden schnell, dass es Content aus der Konserve ist. Ein schnell gedrehtes Video mit dem Smartphone zu einem hochaktuellen Thema, das die Menschen bewegt, hat meist eine viel größere Reichweite als das perfekte Imagevideo. Das perfekte Imagevideo erzeugt gerade durch die Perfektion eher Ablehnung. Regisseure sagen gern auch: „Perfektion schafft Aggression".

Wenn man merkt, dass ein Post aus einem vorproduzierten Agenturpool kommt, wirkt das eher langweilig. Wenn im Gegensatz dazu ein Vorstand oder eine Unternehmerin ein persönliches Statement bei *LinkedIn* postet und dazu noch einige eigene Gedanken schreibt, sind mehrere Hundert Kommentare keine Seltenheit. Diese Chance nutzen noch viel zu wenig Unternehmen.

Jetzt sagen Sie vielleicht: „Ich habe als Unternehmerin oder Unternehmer doch gar keine Zeit zum Posten." Dazu zwei Punkte: Zum einen müssen Sie ja nicht stündlich einen ganzen Aufsatz posten, sondern idealerweise einmal pro Woche. Zum anderen können Sie solche persönlichen Posts gut mit Team-Posts kombinieren. Bitte machen Sie aber nicht den Fehler, nicht zu kennzeichnen, was von Ihnen und was vom Team kommt.

BEISPIEL. Ein positives Beispiel hierfür ist Christian Lindner. Am Ende seiner Posts und auch in den Kommentaren steht immer „CL" für Christian Lindner und „TL" für Team Lindner. Somit weiß man immer, von wem die Nachricht kommt. Die CL-Posts haben dabei übrigens meistens mehr Reichweite als die TL-Posts, aber das ist ein guter Kompromiss zwischen Kommunikation und Zeiteffizienz.

Christian Linder nutzt auch viele Smartphone-Videos, die natürlich schon recht professionell sind, aber auch er postet Beiträge, die erkennbar nicht groß nachbearbeitet sind.

Die gute Nachricht: Heute können Sie bereits auf dem Smartphone professionelle Videos drehen und direkt untertiteln. Die schlechte Nachricht: Die wenigsten nutzen ihr Smartphone, und wenn, dann meistens nicht optimal. Auf Plattformen, die vor allem auf dem Smartphone genutzt werden, wie *Instagram*, werden dann Videos im Querformat hochgeladen oder auf dem klassischen *YouTube* im Hochformat. Manchmal gibt es sogar unterschiedliche Videoformate pro Plattform. *YouTube*-Shorts werden z. B. im Hochformat gedreht, da diese meistens auf Smartphones angesehen werden. Die klassischen *YouTube*-Videos werden möglichst im Format 16:9 aufgenommen, denn das ist das optimale Format für PCs, Macs und Tablets.

Ein Kompromiss ist das Filmen in quadratischer Form, aber heute ist es auch sehr einfach, ein bestehendes Video in verschiedenen Formaten auszugeben und dann passend hochzuladen. Leider nutzen das noch zu wenige.

Hier noch mal die Probleme im Überblick:

▷ Problem 1: Wir verlassen uns auf Pauschalaussagen
▷ Problem 2: Wir posten an der Zielgruppe vorbei
▷ Problem 3: Wir wollen zu perfekt sein

Lösung für Problem 1: Erarbeiten Sie sich eigene Fakten

Wie machen Sie es besser? Wie immer gilt: „Erst Hirn einschalten, dann Technik", d. h., Sie sollten zuerst Ihre Marketing-Hausaufgaben erledigen, bevor Sie sich mit der technischen Umsetzung beschäftigen. Das sollten Sie in folgenden Schritten tun:

1. Schritt: Machen Sie sich ein Bild von Ihrer Zielgruppe

Zuerst sollten Sie ein klares Bild von Ihrer Zielgruppe haben. Wenn Sie mehrere unterschiedliche Produkte haben, sollten Sie das pro Produkt machen. Stellen Sie sich immer folgende Fragen:

> Wer ist meine Zielgruppe?
> Welches Problem meiner Zielgruppe kann ich mit meinem Produkt lösen?
> Welchen idealen Ist-Zustand erreicht meine Zielgruppe mit meinem Produkt?
> Wie wird dieser Ist-Zustand durch mein Produkt erreicht?

Die Basis dieser Fragen ist das Konzept „Story Brand" von Donald Miller. Sein Buch „Building a Story Brand" kann ich Ihnen sehr empfehlen, denn es verbindet die Grundprinzipien des Storytellings mit den Grundprinzipien des Marketings. In seinem Buch beschreibt Miller, wie Sie für Ihre Zielgruppendefinition eine Buyer-Persona kreieren, eine imaginäre Person aus Ihrer Zielgruppe, mit der Sie dann direkt kommunizieren. Das ist ähnlich wie bei einer Rede. Die sollte auch so gebaut sein, als würden Sie 1:1 mit einem anderen Menschen reden. Damit fühlt sich Ihre Zielgruppe viel mehr angesprochen. Dieses Grundprinzip gilt übrigens auch für E-Mail-Marketing, das idealerweise im Zusammenspiel mit den Social-Media-Aktivitäten erfolgt.

2. Schritt: Analysieren Sie die gängigen Social-Media-Plattformen

Wenn Sie Ihre Zielgruppe definiert haben, sollten Sie alle gängigen Social-Media-Plattformen daraufhin analysieren, wo Ihre Zielgruppe mit welchen Interessen (privat/beruflich) unterwegs ist. Bleiben Sie bei der Analyse nicht an der Oberfläche, sondern nutzen Sie hochaktuelle und fundierte Quellen. Gerade im Bereich Social Media sind Statistiken und Analysen von vor sechs Monaten bereits hoffnungslos veraltet.

Unter diesem Link finden Sie aktuelle Nutzerstatistiken zum Bereich Social Media:

https://de.statista.com/themen/1842/soziale-netzwerke/#dossier-chapter1

Schauen Sie sich dabei auch Plattformen an, auf denen Ihre Zielgruppe vermeintlich nicht unterwegs ist. Auch *Twitch* und *TikTok* sind manchmal relevanter, als man erst einmal denkt. Bevor Sie dann eine breite Social-Media-Kampagne für viel Geld national ausrollen, testen Sie sie auf den von Ihnen festgelegten Plattformen. Testen Sie auch verschiedene Postformate, wie Text-Posts, Slider und Videos. Grundsätzlich gilt, dass immer ein Visual mitgepostet werden sollte, aber selbst auf der gleichen Plattform kann es sein, dass eine Zielgruppe für ein Thema Videos und für ein anderes Thema Slider-Posts bevorzugt.

STICHWORT „Slider". Ein Slider sitzt meist auf der Startseite eines Internetauftritts. Er wechselt regelmäßig seinen Inhalt, indem das aktuelle Bild oder der aktuelle Text zur Seite geschoben wird.

Im Bereich E-Mail-Marketing geht das Testen sogar noch viel einfacher. Professionelle Newsletter-Dienste bieten die Möglichkeit des Split-Testings an. Dabei legen Sie zwei unterschiedliche E-Mails an, die im Zufallsprinzip an Ihre Empfangenden versendet werden. Sie erhalten dann eine Auswertung darüber, welche der beiden E-Mails die höhere Öffnungsrate hatte und in welcher E-Mail eventuelle Links häufiger angeklickt wurden.

Dieses Grundprinzip können Sie manuell auch im Bereich Social Media anwenden. Hier empfehle ich, an einem Tag Variante 1 zu posten und am zweiten Tag oder genau eine Woche später die Variante 2.

Lösung für Problem 2: Fokussieren Sie auf wenige, aber die richtigen Plattformen

Wenn Sie Ihre Zielgruppe analysieren und festlegen, werden Sie mit Sicherheit zu dem Ergebnis kommen, dass Ihre Zielgruppe nicht nur auf einem, sondern auf mehreren Kanälen unterwegs ist. Widerstehen Sie der Versuchung, auf all diesen Kanälen Vollgas zu geben. Natürlich macht es Sinn, allein schon für die Google-Suchergebnisse, dass Sie auf den gängigsten Social-Media-Plattformen präsent sind. Richtig aktiv sollten Sie jedoch vor allem auf einer oder zwei Plattformen sein.

Das hat zwei Vorteile: Erstens sparen Sie wertvolle Zeit und Ressourcen, denn es ist viel einfacher, eine Plattform zu optimieren, als alle Plattformen im Überblick zu behalten. Zweitens lernt Ihre Zielgruppe, auf welchem Kanal Sie unterwegs sind. Natürlich kann man eine Strategie auch so aufbauen, dass Sie beispielsweise die beruflichen Interessen Ihrer Zielgruppe auf *LinkedIn* und die privaten Interessen auf *Instagram* adressieren. Das sollte aber immer erst der zweite Schritt sein.

Wenn Sie dann vor allem auf einer Plattform unterwegs sind, ist auch hier weniger mehr. Bevor Sie zu 100 Themen eine Meinung oder Tipps abgeben, fokussieren Sie sich auch thematisch. Idealerweise kann jemand, der Ihre Posts regelmäßig liest, sofort eine Antwort auf die Frage geben: „Zu welchem Thema posten die?"

Wenn Sie eine breite Palette an Themen haben, kann es auch sinnvoll sein, Themenwochen zu planen. Dann fokussieren Sie sich eine Woche lang auf ein Produkt oder ein Thema und wechseln in der Folgewoche auf das nächste Produkt oder Thema. Das hat auch den Vorteil, dass Sie Ihre Aktivitäten besser messen können.

Zum Thema „messen" gibt es auch gute Tools. Mit diesen Tools können Sie Beiträge nicht nur automatisiert posten, sondern auch die Reichweite, Likes und Kommentare Ihrer Posts analysieren und sie auf dieser Basis laufend optimieren.

Lösung für Problem 3: Seien Sie authentisch – mit Ihrem Smartphone

Die Inhalte für Ihre Social-Media-Posts können Sie natürlich hochprofessionell produzieren lassen. Wenn BMW einen neuen 7er vorstellt, erfolgt das auch nicht mit verwackelten Handyvideos im Gegenlicht. Bei BMW macht das auch Sinn, denn die hochqualitativen Inhalte müssen ohnehin produziert werden und können dann für Social Media wiederverwendet werden. Das wirkt sehr professionell, allerdings auch deutlich weniger persönlich.

BEISPIEL. *Porsche nutzt beispielsweise auch hochprofessionell produzierte Videos zu seinen Autos. Allerdings ist auch der gesamte Vorstand auf LinkedIn präsent und postet parallel dazu auch Smartphone-generierte Videos mit sehr interessanten Themen. Diese Themen beziehen sich vor allem auf die Führungskultur bei Porsche und führen zu vielen Likes und Kommentaren.*

Selbstverständlich posten die Vorstände auch nicht im luftleeren Raum. Auch diese Posts fügen sich in eine intern abgestimmte Kommunikationsstrategie ein. Katzenvideos werden Sie vom Porsche-Vorstand nicht sehen, aber innerhalb der gemeinsam abgestimmten Leitplanken können so sehr interaktive Posts effizient generiert werden.

Es gibt auch erfolgreiche Unternehmer*innen, die einfach ein Selfie mit dem Smartphone aufnehmen und darüber schreiben, was sie gerade beruflich und auch gesellschaftlich bewegt. Das geht schnell und zeigt Haltung. Genau das formt ein Unternehmensimage stärker als teure Imagekampagnen.

Mit einem aktuellen Smartphone haben Sie ein komplettes Social-Media-Produktionsstudio in der Hosentasche. Heutige Smartphones haben bessere Kameras als die, die für viele Kinohits genutzt wurden. Meist sogar mit den mitgelieferten Apps.

Darüber hinaus gibt es für viele Bereiche weitere Apps, z.B. für

▸ noch mehr Einstellmöglichkeiten bei Foto- und Videoaufnahmen,
▸ das Untertiteln von Videos,
▸ das Schneiden von Videos,
▸ das Animieren von Fotos und Videos.

Wenn Sie mit dem Smartphone arbeiten, sollten Sie unbedingt daran denken, externe Mikrofone zu nutzen, denn die eingebauten Mikrofone sind dafür in der Regel zu schwach. Mittlerweile haben alle gängigen aktuellen Smartphones einen USB-C-Anschluss, an den Sie viele Mikrofone und Funkstrecken anschließen können.

Ein Wort zu Funkstrecken: Mein sehr geschätzter Kameramann und Cutter Michael Mirwald sagt immer: „Drahtlos macht ratlos", und als Kameramann für den Bayerischen Rundfunk hat er da viel Erfahrung. Von daher sollten Sie immer eine Kabellösung nutzen, wenn es möglich ist, denn die liefert meistens eine bessere Qualität und ist immer störungsfreier.

Wichtig ist, dass Sie beim Erstellen Ihrer Inhalte darauf achten, sie gleich im richtigen Format aufzunehmen. Wenn Sie beispielsweise wissen, dass Sie ein Video für *YouTube Shorts* drehen, sollten Sie es gleich im Hochformat filmen. Sollten Sie ein Video einmal im falschen Format gedreht haben, können Sie es in der Regel – sogar auf dem Smartphone – in andere Formate konvertieren. Nur was Sie nicht aufgenommen haben, können Sie auch nicht hinterher hinzufügen.

Tipps und Tricks für die Nutzung von Social Media

Da ich oft und gern auf Social Media unterwegs bin, lasse ich Sie in den folgenden Abschnitten mit Vergnügen an meinen Erfahrungen teilhaben und stelle Ihnen meine Strategien und Tipps vor.

Die meiner Meinung nach wichtigsten Social-Media-Plattformen

Bei den Social-Media-Plattformen den Überblick zu behalten, wird immer schwieriger. Es vergeht kaum eine Woche, in der nicht ein neues soziales Netzwerk vorgestellt und gehyped wird. Das sollten Sie auch im Auge behalten, aber aktuell sind aus meiner Erfahrung die folgenden Plattformen die relevantesten im Business-Bereich:

- *LinkedIn*,
- *Facebook*,
- *Instagram*,
- *TikTok* und
- *YouTube*.

YouTube ist zwar kein soziales Netzwerk, aber da viele Nutzende die Plattformen auch nur zum Konsumieren von Inhalten nutzen, nehme ich es hier bewusst mit dazu.

Einige von Ihnen vermissen sicherlich *XING* in dieser Auflistung. Spätestens seit *XING* seine Gruppenfunktion und seine Eventfunktionen eingestellt hat, ist es für mich keine Alternative mehr zu *LinkedIn*. *LinkedIn* hat parallel dazu auch den deutschen Markt erobert. Früher war *LinkedIn* eine Ergänzung zu meinem deutschen *XING*-Netzwerk, um auch internationale Kontakte zu pflegen. Heute ist *LinkedIn* auch in Deutschland angekommen. Von daher bleiben Sie mit Ihrem Profil gern bei *XING*, wenn Sie schon ein Profil dort haben. Das bringt Sichtbarkeit. Aktiv sollten Sie aber vor allem auf *LinkedIn* sein.

Im Business-Bereich halte ich aktuell **LinkedIn** für die effektivste Plattform, gerade auch für die Anbahnung neuer Geschäftskontakte, denn hier

- finden Sie Top-Business-Kontakte, bis hin zu den Vorstandsetagen und Unternehmer*innen,
- finden echte, interessante Dialoge statt,
- können Sie sich sehr gut persönlich mit Entscheider*innen vernetzen,
- sehen Sie in Ihrem Feed auch die Dinge, die Ihr Netzwerk liked und kommentiert und natürlich auch andersherum.

Facebook hat immer noch eine dominierende Rolle, und der Altersdurchschnitt steigt. Das kann im B2B-Bereich eine Chance sein. So sind beispielsweise viele meiner Kunden auch auf *Facebook*, aber nicht auf *Instagram* oder *TikTok*. Auf *Facebook* poste ich in der Regel private Infos und Musikempfehlungen. Ab und zu auch einen Tipp. Ich achte aber darauf, dass sich die Posts nicht mit meinen Posts auf den anderen Plattformen doppeln. Über *Facebook* haben mich meine Kunden immer „auf dem Zettel". Dadurch erhalte ich oft nach Jahren Folgeaufträge, weil meine Kunden immer mitbekommen, was ich als Mensch so tue.

Die Grundidee von **Instagram** sind schöne Menschen und Sport. Von daher poste ich dort vor allem Fotos von meinen sportlichen Freizeitaktivitäten. Wenn Sie keinen Sport treiben, haben Sie aber bestimmt auch schöne Bilder und Videos zum Posten. Auf *Instagram* wie auf *YouTube* gehen vor allem Reels bzw. *YouTube*-Shorts sehr gut. Das sind kurze Hochkant-Videos, mit witzigen Inhalten, aber auch mit Business-Tipps. Wichtig ist, dass Sie hier relevanten Inhalt für Ihre Zielgruppe posten.

Die Steigerung zum Thema „Kurze Videos" ist **TikTok**. Die Grundidee ist die der kurzen unterhaltsamen Videos. Letztendlich sind *Instagram*-Reels und *YouTube*-Shorts Antworten auf *TikTok*. *TikTok* wird oft als „Plattform für Kids" abgetan, aber zum einen macht genau das Sinn, wenn das Ihre Zielgruppe ist. Zum anderen gehen auch immer mehr Erwachsene auf *TikTok*, und wertvolle Tipps und Life-Hacks gehen dort auch sehr gut. Ergänzend sind viele Marketing-Entscheider auf *TikTok*, um die Zielgruppe zu monitoren. Über diesen Weg hat einer meiner Rednerkollegen einen Großauftrag bei adidas erhalten.

Zusammenfassend sollten Sie immer die Plattformen wählen, auf denen Ihre Zielgruppe aktiv ist, und sich auf eine bis zwei so fokussieren, dass Sie wahrnehmbar werden.

Hier finden Sie einen tabellarischen Überblick über die unterschiedlichen Social-Media-Plattformen.

Meine Lieblingstools und -apps zur Content Creation

Wenn Sie Social-Media-Inhalte produzieren, gilt immer: „Aktualität und Authentizität vor Professionalität". Mit Ihrem Smartphone haben Sie fast alles in der Hand, um hochwertigen Content zu produzieren. Meistens reichen die mitgelieferten Apps völlig aus, denn sie haben oft viele versteckte Einstellmöglichkeiten.

Alternative **Kamera-Apps** machen dann Sinn, wenn Sie sie für bestimmte Formate oder Situationen schnell im Zugriff haben wollen. Ich habe bei mir beispielsweise die *ProCamera*-App immer auf 16:9 voreingestellt. Damit kann ich jederzeit sehr schnell ein Foto für meine Vortrags-Charts schießen, denn das ist das Format für Charts. In der normalen Kamera-App wechsele ich immer die Einstellungen nach Bedarf. Vielleicht haben Sie eine Kamera-App, mit der Sie stets quadratisch aufnehmen, und können immer schnell sein, wenn ein Motiv mal nur kurz verfügbar ist. Das kann nicht nur für das Sammeln von Fotos für Charts, sondern auch für das Sammeln von Fotos für Social Media praktisch sein.

Wenn Sie **Fotos** nachbearbeiten wollen und im Unternehmen die *Adobe Suite* einsetzen, sollten Sie *Photoshop Express* auf dem iPhone nutzen. Damit können Sie natürlich nicht alles machen wie mit der großen *Photoshop*-Version, aber eins geht besonders gut mit der App: das Aufhübschen eines grauen in einen strahlend blauen Himmel.

Mit der kostenfreien App *Snapseed* von Google haben Sie einen ganzen Werkzeugkasten an Bildbearbeitungstools. Die App ist quasi das Schweizer Taschenmesser. Darüber hinaus gibt es noch einige Spezial-Apps, wie

- ▷ *TouchRetouch* und *ClonErase* zum Entfernen oder Duplizieren von Objekten,
- ▷ *Recrop* zum Ändern des Fotorahmens,
- ▷ *Unfade* zum Schärfen dunstiger Bilder,
- ▷ *Superimpose*, um Fotos übereinanderzulegen,
- ▷ *CreamCam* um Falten und Hautunreinheiten weichzuzeichnen,
- ▷ *Slow Shutter* für Langzeitbelichtungen,
- ▷ *Colorize* für das Einfärben von Schwarz-Weiß-Fotos,
- ▷ *Focos* für das nachträgliche Verändern der Blende und Schärfentiefeneinstellungen,
- ▷ *Remove BG* für das Freistellen von Fotos, wenn Ihr iPhone die eingebaute Funktion dafür noch nicht unterstützt.

Viele der Funktionen von Dritt-Apps werden Schritt für Schritt von Apple in deren Foto-App mitintegriert, so wie das Freistellen von Fotos.

Hier finden Sie ein Video zu den besten Einstellungen für die iPhone-Kamera-App.

OPTIMIEREN SIE IHRE SOCIAL-MEDIA-STRATEGIE

Häufig funktionieren diese Funktionen dann aber nur auf den neuesten Geräten. Von daher können manchmal die Dritt-Apps trotz verfügbarer Standardfunktionen durchaus Sinn machen.

Im Bereich **Video** arbeite ich gern mit der *FiLMiC Pro*-App. Sie hat den großen Vorteil, dass man beim Filmen immer den Audio-Pegel sieht und in der App alle Einstellungen für Ton und Bild vornehmen kann. Bei den Pro-Modellen können Sie sogar parallel die vordere und hintere Kamera nutzen. Das ist für Erklärvideos sehr praktisch.

Eine App, die darauf spezialisiert ist, ist *MixCam*. Diese App nimmt die vordere und hintere Kamera gleichzeitig als Foto oder Video auf. Sie können dann entscheiden, ob die beiden Kameras übereinander gezeigt werden, oder ob Sie die Selfiecam inkl. Greenscreeneffekt auf die hintere Kamera legen wollen. Das ging früher nur mit aufwendiger Studiotechnik.

Denken Sie bei Videos auch immer daran, sie zu untertiteln, denn in vielen Situationen kann man Videos nicht hören, aber die Untertitel lesen. Damit erzielen Sie eine deutlich höhere Reichweite. Auf dem Smartphone können Sie das direkt mit der App *Captions* oder der App *MixCaptions* erledigen. Wenn Sie das eher auf Ihrem Rechner machen wollen, empfehle ich Ihnen die App *Happy Scribe.* Damit können Sie Untertitel auch übersetzen und sogar von Menschen nachbearbeiten lassen. Die Bearbeitung am Rechner bietet neben anderen Vorteilen die Möglichkeit, dass Ihre Assistenz diese Aufgaben übernehmen kann.

Beim **Ton** sollten Sie idealerweise immer externe Mikrofone nutzen, denn die eingebauten Smartphone-Mikrofone sind dafür nicht ausgelegt. Auch die drahtlosen AirPods oder ähnliche Bluetooth-Headsets sind meist von sehr schlechter Qualität.

Um die Tonqualität im Nachgang noch zu optimieren, empfehle ich Ihnen den Internetdienst *Auphonic*. Bei diesem Dienst können Sie Audio- und Video-Dateien hochladen, die Sie dann in optimierter Form wieder herunterladen können. Das Ergebnis ist beeindruckend. Vor allem Hintergrundgeräusche und unterschiedliche Lautstärkepegel repariert das Tool hervorragend.

Hier finden Sie die Liste meiner Lieblingsapps und -tools für die Erstellung von Social-Media-Inhalten.

Meine Lieblingstools für die Planung von Social-Media-Inhalten

Bei einigen scheitert das regelmäßige Posten daran, dass das Erzeugen von Content zu komplex ist. Hoffentlich konnte ich dieses Problem im letzten Abschnitt lösen. Bei anderen scheitert es an einem strukturierten Prozess des Postens. Wenn man jeden Tag daran denken muss, etwas zu posten, vergisst man es schnell. Wenn man sich immer wieder ins Gedächtnis rufen muss, was man bereits gepostet hat, verliert man schnell den Überblick und nutzt auch nicht die Chance eines konsistenten Posting-Verhaltens.

Fast alle Plattformen bieten mittlerweile das zeitversetzte, also verzögerte Posten von Inhalten an. Das heißt, Sie können Inhalte vorproduzieren und dann automatisiert posten lassen. Das Problem dabei ist, dass diese Funktionalitäten innerhalb der Plattformen recht rudimentär sind und Sie diese für jede Plattform einzeln einstellen müssen. Von daher empfehle ich eher plattformübergreifende Lösungen, bei denen Sie einen Content-Plan erstellen und diesen dann automatisiert posten können.

Bei diesen Tools haben Sie auch in der Regel noch folgende weiteren Möglichkeiten:

- das Erstellen eines Blogbeitrags aus Ihrem Post.
- das wiederholte Posten eines Beitrags (Reposting), denn die wenigsten erinnern sich daran, was Sie vor einigen Monaten gepostet haben. Somit können Sie Content durchaus wiederholt posten.
- das automatisierte Umformulieren von Posts für Reposts.
- das Organisieren von Posts in Kategorien.
- die gesammelte Anzeige von Kommentaren mit der Möglichkeit, im Tool an einer Stelle darauf zu antworten.
- die Auswertung, welche Posts die größte Reichweite sowie die meisten Likes und Kommentare hatten.

Welches Social-Media-Automatisierungstool Sie nutzen, hängt von Ihren Schwerpunkten ab. Manchmal haben Sie auch bereits eine Lösung im Haus, ohne dass Sie es wissen. Wenn Sie beispielsweise *Canva* in der bezahlten Version nutzen, ist diese Funktion bereits enthalten. Das ist ähnlich wie bei *Microsoft 365*. Checken Sie immer erst, ob Sie nicht bereits eine Lizenz zahlen, bei der diese Funktionalität mit integriert ist.

Wenn dem nicht so ist, hier die aus meiner Sicht wichtigsten Social-Media-Automatisierungstools:

- *Buffer*
- *Facelift*
- *Fanpage Karma*
- *Hootsuite*
- *Later*
- *Meet Edgar*
- *Postoplan*
- *SocialHub*
- *Social Poster* (aus Deutschland)

  Hier finden Sie eine Linkliste der gängigsten Tools zum Planen von Social-Media-Inhalten.

Bei allen Tools sollten Sie aber immer darauf achten, dass die Postings nicht zu automatisiert und standardisiert wirken. Darüber hinaus sollten Sie auch darauf achten, dass Sie immer wieder tagesaktuelle Themen manuell mit einstreuen. Eine Option kann auch sein, dreimal die Woche automatisiert zu posten und an zwei Tagen in der Woche manuell und tagesaktuell.

Und bei allen Tools und Techniken bitte immer an eines denken: „Relevanz vor Firlefanz!"

Die Top-10-Tipps aus Kapitel 9

- Nutzen Sie *Statista* für echte Zahlen statt Vermutungen.
- Beobachten Sie, auf welchen Social-Media-Plattformen Ihre Hauptzielgruppe unterwegs ist.
- Fokussieren Sie sich auf eine, maximal zwei Social-Media Plattformen.
- Posten Sie vor allem eigenen, relevanten Content.
- Denken Sie nicht an den Algorithmus, sondern an Ihre Zielgruppe.
- Relevanz vor Firlefanz: Nehmen Sie Ihren Perfektionsanspruch raus.
- Nutzen Sie Ihr Smartphone und Ihr Tablet zur Content-Produktion.
- Nehmen Sie Podcasts auf dem iPad auf.

▸ Guter Ton ist wichtiger als gutes Bild.
▸ Nutzen Sie Tools für automatisiertes Posten, wie den *Social Poster*.

10

Setzen Sie KI strategisch ein

KI statt MI?

Kennen Sie das? Sie haben einen Abgabetermin für einen Artikel und sitzen am Tag davor vor einem weißen Blatt Papier oder einem leeren Dokument auf Ihrem PC. Der Termin naht, aber die Ideen wollen sich nicht einstellen. Eine Google-Suche zu Ihrem Thema ergibt über zwei Millionen Treffer, aber wirklich weiterbringen tut Sie das nicht.

Zum Glück gehört das ja seit der Einführung von ChatGPT der Vergangenheit an. Einfach etwas bei ChatGPT eingeben, und schon kommt ein fertig geschriebener Artikel raus. Nur: So richtig überzeugend ist das Ergebnis doch noch nicht. Sie wollten das Thema doch ganz anders aufziehen, und bis Sie endlich die richtigen Eingabe-Prompts herausgefunden haben, schreiben Sie den Artikel lieber selbst.

Computer sind eben doch doof ... oder?

Durch die pure Rechenleistung werden Computer immer leistungsfähiger, und das sieht man vor allem im Bereich der Künstlichen Intelligenz (KI). Die Ergebnisse von *ChatGPT* und ähnlicher KI-basierter Dienste wird immer besser und die Handhabbarkeit wird dank neuer Anbieter auch immer besser.

Hier zunächst einmal eine Definition von KI:

[ChatGPT]

Künstliche Intelligenz (KI), auch als artifizielle Intelligenz oder Artificial Intelligence (AI bzw. A. I.) bezeichnet, ist ein Teilgebiet der Informatik, das sich mit der Entwicklung intelligenter Maschinen beschäftigt. KI ermöglicht es technischen Systemen, menschliche Fähigkeiten wie logisches Denken, Lernen, Planen und Kreativität zu imitieren, ihre Umwelt wahrzunehmen und mit dem Wahrgenommenen umzugehen, um Probleme zu lösen und bestimmte Ziele zu erreichen.

Die Entstehungsgeschichte der KI reicht zurück bis in die 1950er-Jahre, als der Computerpionier Alan Turing seine berühmte Frage stellte: „Können Maschinen denken?" Seitdem haben sich Forscher und Ingenieure bemüht, Maschinen zu entwickeln, die menschenähnliche Intelligenz aufweisen. Zu den wichtigen Meilensteinen in der Geschichte der KI zählen die Einführung des ersten KI-Programms „Logic Theorist" im Jahr 1955 und die Gründung des ersten KI-Labors am Massachusetts Insti-

tute of Technology (MIT) im Jahr 1959. Seitdem hat sich die KI-Forschung rasant weiterentwickelt und ist heute integraler Bestandteil vieler Technologien und Anwendungen.

Im Laufe der Jahre hat sich KI in verschiedene Teilbereiche aufgefächert, darunter maschinelles Lernen und Deep Learning, die häufig in Verbindung mit künstlicher Intelligenz genannt werden [2]. Durch die fortschreitende Digitalisierung und die Verfügbarkeit großer Datenmengen hat sich das Potenzial von KI enorm erweitert und es wird erwartet, dass sie in den kommenden Jahren eine immer wichtigere Rolle in Wirtschaft und Gesellschaft spielen wird.

Für Führungskräfte ist es daher von entscheidender Bedeutung, die Grundlagen und Möglichkeiten der Künstlichen Intelligenz zu verstehen und sie in die strategische Planung und Entscheidungsfindung einzubeziehen.

Diese Definition habe ich mit *ChatGPT* erstellt und dazu folgenden Prompt verwendet: „Was ist Künstliche Intelligenz? Schreibe eine Definition, inkl. einer kurzen Entstehungsgeschichte, für ein Buch zum Thema Digitalisierung für Führungskräfte. Bitte schreibe formal und positiv."

STICHWORT „Prompt". Eine Künstliche Intelligenz ist eben „künstlich", das heißt, sie ist nur so gut wie der Input, den man ihr eingibt. Je gezielter und präziser die Informationen sind, mit denen man sie füttert, desto besser ist das Ergebnis. Und diese kurzen Befehle und Fragen, die man an ein System schickt, im obigen Fall an *ChatGPT*, damit daraus eine Antwort generiert wird, heißen „Prompts". Je genauer also ein Prompt formuliert wird, desto besser ist die Qualität der KI-Antwort.

Ist diese KI-Definition 1:1 für dieses Buch brauchbar? Schon fast. Aus meiner Sicht sind die Ausführungen zu „Logic Theorist" eher zu viel hier, aber der Hinweis auf die Bedeutung von KI ist gut und wichtig. Auch steht hier wenig zum aktuellen Hype um *ChatGPT*. Kein Wunder, denn die Lernphase von *ChatGPT* endete im September 2021.

Doch noch treffen wir im Umgang mit KI immer wieder auf Probleme: So werden neue Technologien zu Beginn meist total überschätzt und nach einer ersten Enttäuschung total unterschätzt. Beides ist gefährlich.

Die drei Hauptprobleme mit KI und ihre Lösungen

Die „schöne neue Welt" stößt schnell an ihre Grenzen, wenn wir uns statt auf unsere „MI" auf „KI" verlassen.

1. Einmal ausprobiert, klappt nicht, weg damit – so gehen wir oft vor, wenn wir mit Neuem, mit neuen Tools, neuer Software, konfrontiert werden.
2. Das liegt häufig daran, dass wir uns nicht wirklich mit der neuen Technik auseinandergesetzt haben, die falschen Tools nutzen oder die richtigen falsch anwenden.
3. Und auch wenn wir die richtigen Tools nutzen, vergessen wir, dass eine Anwendung nur so gut ist wie das, was ihr eingegeben oder vorgegeben wird. Und wundern uns dann, wenn der Output nur „Müll" ist.

Problem 1: Wir geben Neuem keine zweite Chance

Kennen Sie Buzzword-Bingo? Genau das wird im Marketing dauernd gespielt. Es spricht ja nichts dagegen, dass tolle Technologien auch professionell vermarktet werden. Leider fehlt da häufig die Substanz dahinter.

STICHWORT „Buzzword-Bingo". Manche nennen es auch „Bullshit-Bingo" oder harmloser „Besprechungs-Bingo": Die Teilnehmenden in Meetings oder Konferenzen machen sich vorher eine Liste mit inhaltsleeren Wörtern oder nichtssagenden Begriffen, die immer wieder von den Vortragenden genutzt werden. Wie beim richtigen Bingo-Spiel streicht man sie durch, wenn sie vorkommen. Ganz Mutige rufen bei der vollständig durchgestrichenen Liste dann auch laut „Bingo". Beispiele für solche „Buzzwords" sind „New Work", „Mindset" und immer gern auch „agil".

Vor KI war das Metaverse das große Hype-Thema. Auf jeder Konferenz-Einladung stand ein großes Banner mit „Konferenz im Metaverse". Das fand ich doch etwas verwunderlich, denn das Metaverse ist eine Vision, die es noch nicht gibt; momentan existieren nur Teile davon. Was ist die Konsequenz solcher Aktionen? Menschen springen begeistert auf den neuen Zug auf und probieren die neue Technik aus – in der Erwartung, dass sie bereits fertig und perfekt ist. Dabei stoßen sie schnell an die Grenzen der heutigen Prototypen und werfen entnervt das Handtuch.

Beim Thema „Metaverse" kam dann auch schnell das Thema „Präsenz ist doch viel besser" auf. Ich bleibe dabei: Online ist nicht das Problem, sondern wie das „Online" gemacht ist, und das potenziert sich beim Thema „Metaverse". Da werden die Erwartungen so hochgeschraubt, dass eine Enttäuschung schon fast zwangsläufig kommen muss.

Genauso schnell wie der Metaverse-Hype kam, verschwand er auch wieder. Mit der Einführung von *ChatGPT* im November 2022 kam der große KI-Hype. Das schien die Lösung aller Probleme … oder doch nicht? Irgendwie waren die Ergebnisse entweder so schlecht, dass das Tool gleich wieder von der Lesezeichenliste gelöscht wurde, oder so gut, dass eine Diskussion über die Zukunft der Arbeit losgetreten wurde.

In Deutschland haben wir eine Bequemlichkeitskultur, in der wir gern immer neue Tools und Gadgets kaufen, aber sich persönlich dafür weiterzuentwickeln? Das ist dann doch zu anstrengend. Wenn ich mit einem Tool nicht schnell weiterkomme, springe ich einfach auf die nächste Hype-Technologie.

Statt sich also mit dem Neuen auseinanderzusetzen, sich darauf einzulassen und auch mal Rückschläge bei dessen Anwendung zu akzeptieren, weil man sich damit eben noch nicht gut auskennt, legen wir es lieber gleich ad acta, wenn nicht auf Anhieb das dabei rauskommt, was wir erwartet haben und was uns das Marketing versprochen hat.

Oder wir verteufeln es gleich, weil wir von einigen Seiten gehört haben, dass es nicht für x oder y sei und zudem, wie KI, noch Arbeitsplätze wegnehme. Da bleiben wir doch lieber bequem bei dem, was wir kennen, und sorgen uns weiter darüber, dass wir das weiße Blatt nicht beschreiben können.

Problem 2: Wir verwenden die falschen Tools oder nutzen die richtigen falsch

Gern wird auch immer nach neuen Tools gesucht und diese dann gleich ausprobiert, statt sich einmal strategisch mit einem Thema zu beschäftigen. Auch hier wird der Grundsatz „Erst Hirn einschalten, dann Technik" oft missachtet. Das führt dann oft sogar zu Redundanzen bei gleichzeitigen Lücken im Werkzeugkasten. Das ist, als hätten Sie drei Hämmer in Ihrem Werkzeugkasten, aber keinen Schraubenzieher.

KI kann bestehende Arbeitsabläufe sehr stark optimieren und die Output-Rate deutlich steigern, wenn man das richtige Mindset und die richtigen Tools nutzt. Doch beides ist oft fehl am Platz. Da wird blind Empfehlungen gefolgt und ein Tool nach dem anderen hinzugefügt. Manchmal machen mehrere Tools sogar Sinn, falls ein anderes Tool einmal überlastet ist, aber in der Regel sollte man einen KI-Baukasten einmal auf der Basis seiner Anforderungen definieren und dann konsequent nutzen.

Ich vergleiche KI-Tools gern mit dem Marmormeißel von Michelangelo, mit dem er den David aus einem Marmorblock gehauen hat. Sinngemäß soll er einmal auf die Frage, wie er denn den David so genial aus dem Marmor gemeißelt habe, geantwortet haben: „Der David war schon da. Ich musste nur noch den überflüssigen Marmor entfernen." Michelangelo hatte also bereits das Endergebnis im Auge, als er sich an die Arbeit machte. Er nutzte das Werkzeug des Marmormeißels, um seine Vision umzusetzen. Eine entsprechende Vision könnte ich wahrscheinlich auch noch haben, aber spätestens an der Kunst des handwerklichen Umgangs mit dem Werkzeug würde es bei mir scheitern. Ein Marmormeißel macht aus mir eben noch lange keinen Michelangelo.

Genauso verhält es sich mit KI-Tools. Ohne den richtigen Umgang sind diese Werkzeuge sinnlos, und ohne eine entsprechende Idee vom fertigen Ergebnis sind solche Tools auch nutzlos. Gerade bei KI werden wir auch Ergebnisse erhalten, die wir vorher so noch nicht im Sinn hatten, aber das geht Künstlern bei ihrer Arbeit auch so. Manchmal durch Fehler, die korrigiert werden müssen und manchmal durch spontane Eingebungen.

Der Umgang mit KI erinnert mich heute häufig an das unkoordinierte Herumhämmern mit verschiedenen Meißeln an unterschiedlichen Marmorblöcken. Oft ist der Marmorblock völlig ungeeignet und oft wird mit einem Holzmeißel versucht, einen Marmorblock zu bearbeiten. Das funktionierte schon in der analogen Welt nicht, und mit KI wird der Fehler noch potenziert.

Manchmal wird auch stundenlang an Eingabeprompts gefeilt, statt sich mit den gewünschten Endergebnissen zu beschäftigen. Vielen Anwendenden ist noch gar nicht bewusst, dass sie sich von der KI sogar dabei helfen lassen können, Prompts zu erstellen. So können Sie beispielsweise von *ChatGPT* Prompts für *Midjourney* erstellen lassen, um KI-generierte Bilder zu erstellen.

Wenn dann KI-erstellte Ergebnisse da sind, werden diese oft unreflektiert 1:1 übernommen. Meistens ist das keine gute Idee. Oft wird nicht verstanden, auf welchem Datenpool die KI basiert. In der ersten Phase von *ChatGPT* basierten die Daten beispielsweise auf Daten bis einschließlich September 2021. Natürlich können da keine aktuellen Informationen mit verarbeitet sein.

Problem 3: Wir vergessen das „Garbage In–Garbage Out"-Syndrom

Gesunder Menschenverstand ist auch bei der Bedienung der KI-Tools gefragt und oft Mangelware. Das „Garbage In–Garbage Out"-Syndrom (GiGo) kennt man aus der Computerwelt: Wenn man Müll in IT-Systeme eingibt, kommt auch Müll raus. KI ist ein IT-Booster und funktioniert damit nun mal auch in die negative Richtung.

Es gibt zwei Hauptgründe, weshalb KI-Systeme schlechte Ergebnisse liefern:

- Der erste Grund ist, dass das falsche System genutzt wird. Wenn Sie eine Schraube in die Wand drehen wollen, ist ein Schraubenzieher einfach besser geeignet als ein Hammer. Doch bei der Nutzung von KI-Tools werden häufig Schrauben mit Hämmern in die Wand geschlagen.
- Der zweite Grund ist die falsche Nutzung des richtigen Werkzeugs. Da werden dann die digitalen Schreiben verwürgt, weil die Bedienenden nicht mit dem richtigen Werkzeug umgehen können.

Wenn Sie einen Taschenrechner dazu auffordern, eine Zahl durch 0 zu teilen, wird dieser eine Fehlermeldung ausgeben. Leider sind nicht alle Fehler so offensichtlich. Somit kommen durch schlechte Prompts oft schlechte Ergebnisse aus den Systemen, die dann aber unreflektiert übernommen werden.

Das ist in etwa so, als würden Sie einen Mitarbeitenden bitten, einen Hund zu zeichnen. Ein pfiffiger Mitarbeitender wird nachfragen, welche Rasse er zeichnen soll, aus welcher Perspektive, in welcher Situation, in welcher Stimmung, mit welchen weiteren Gegenständen, etc. Eine KI wird in den seltensten Fällen nach diesen Zusatzinformationen fragen. Damit ist das Ergebnis genauso zufallsgesteuert wie bei einem Menschen.

Nur die wenigsten KI-Anwendenden beschäftigen sich mit dem strukturierten Erstellen von Prompts. Es ist ja einfacher, auf das nächste System zu wechseln, als sich mit einem System intensiver zu beschäftigen.

Da in der Praxis anwendbare KI-Systeme auch noch nicht lang weit verbreitet sind, ist der Umgang mit ihnen auch noch kein Bestandteil der schulischen und universitären Ausbildung in Deutschland. Hier ist bei der persönlichen Weiterentwicklung Eigeninitiative gefragt, die nicht immer da ist. Wir geben weiterhin unbedarft „Garbage" ein und ärgern uns über die schlechte Qualität des Outputs, ohne zu bedenken, wer den Müll initiiert hat.

Hier noch mal die Probleme im Überblick:

- ▶ Problem 1: Wir geben Neuem keine zweite Chance
- ▶ Problem 2: Wir verwenden die falschen Tools oder nutzen die richtigen falsch
- ▶ Problem 3: Wir vergessen das „Garbage In–Garbage Out"-Syndrom

Lösung für Problem 1: Seien Sie bereit, KI zu verstehen

Der erste Schritt im produktiven Umgang mit KI ist das richtige Verständnis dessen, was KI ist und wo deren Möglichkeiten und Begrenzungen sind.

Kritiker behaupten, dass KI nicht intelligent sei, sondern nur vorhandenes Wissen auf Basis von Wahrscheinlichkeiten gut miteinander kombiniere.

Machen wir Menschen im Bereich „Wissen" das denn nicht genauso? Bauen wir unsere Essays und Abhandlungen nicht auch auf bereits vorhandenem Wissen auf? Lehren Schulen und Universitäten denn nicht vorhandenes Wissen, reproduzieren wir nicht in der Regel und leisten als „Mehrwert" oft eine Transferleistung aus dem Altbekannten?

Selbst im Bereich „Forschung" gehen wir zunächst vom Bekannten aus.

Durch die immer günstiger und leistungsfähiger werdende IT wird auch die KI immer leistungsfähiger, und bereits heute ist es schwer möglich, KI- von Menschen-generierten Inhalten zu unterscheiden. Wichtig ist hier, die wachsenden Möglichkeiten zu verstehen und mit Verstand und ethisch anzuwenden.

Die Diskussion, ob eine neue Technologie sinnvoll ist oder nicht, ist natürlich wichtig und wertvoll. Doch wird sie in Deutschland eher immer angst- statt chancengetrieben geführt. Es wird immer mehr darüber geschrieben, welche Jobs in Zukunft durch KI wegfallen, statt sich anzusehen, welche neuen Jobs durch KI entstehen können. Das Neue macht verständlicherweise Angst, vor allem dann, wenn man es passiv auf sich zukommen lässt und sich nicht aktiv darauf vorbereitet und sich weiterentwickelt.

Früher machten es die umständlichen Benutzeroberflächen auch nicht einfach, einen Zugang zu vielen Technologien zu finden. Heute ist das anders. Sie können sogar KI-gestützte Tools nutzen, um sich Eingabe-Prompts für andere KI-Tools zu erzeugen. Leider beschäftigen sich die wenigsten mit den Systemen so intensiv, dass diese Möglichkeiten aktiv genutzt werden. Es ist eben einfacher, zu einem neuen Tool zu wechseln, als sich einmal intensiv mit dem bisherigen Tool zu beschäftigen.

Die Lösung liegt also darin, sich auf das Neue einzulassen und mit der „MI" zu verstehen, um sich die KI dann sinnvoll zunutze zu machen.

Lösung für Problem 2: Stellen Sie die richtigen Fragen

Bei der smarten Nutzung von KI gibt es mehrere Optionen. Die offensichtlichste ist die Nutzung dedizierter KI-Tools, wie *ChatGPT* oder *Jasper*. Bei diesen dedizierten Tools sollten Sie sich immer mit folgenden Fragen beschäftigen:

- ▸ Für welche Anforderung gibt es welche KI-Tools?
- ▸ Welches Tool passt am besten zu meiner Anforderung?
- ▸ Auf welchen Daten basiert das KI-Tool?
- ▸ Werden auch aktuelle Web-Ergebnisse mit einbezogen?
- ▸ Kann man auch eigene Inhalte in das Tool eingeben, damit es aus diesen lernt?
- ▸ Wie ist die Usability des Tools?
- ▸ Kann ich das Tool in meine IT-Landschaft mit integrieren?
- ▸ Kann das Tool Inhalte in meiner Sprache gut verarbeiten?
- ▸ Wie ist das Business-Modell des Betreibers?
- ▸ Wie zukunftssicher ist der Anbieter?

Viele der Fragen decken sich mit den Evaluationsfragen für IT-Systeme. Welche Fragen für Sie besonders relevant sind, sollten Sie durch entsprechende Gewichtungen berücksichtigen.

Hier einmal weitere Antworten auf den Prompt „Schreibe 10 Tipps für den möglichst produktiven Umgang mit KI-Tools im Business" in *ChatGPT*:

[ChatGPT]

1. *Verstehen Sie die Grundlagen der KI: Um KI-Tools effektiv einzusetzen, sollten Sie zunächst die grundlegenden Konzepte der Künstlichen Intelligenz, des maschinellen Lernens und des Deep Learnings verstehen. Dies ermöglicht es Ihnen, fundierte Entscheidungen über den Einsatz von KI-Technologien in Ihrem Unternehmen zu treffen.*
2. *Definieren Sie klare Ziele: Bevor Sie KI-Tools in Ihrem Unternehmen einführen, sollten Sie klare Ziele festlegen, die Sie erreichen möchten. Dies hilft Ihnen dabei, den Erfolg der Implementierung zu messen und die richtigen Technologien auszuwählen.*
3. *Identifizieren Sie relevante Anwendungsbereiche: Analysieren Sie Ihre Geschäftsprozesse und identifizieren Sie die Bereiche, in denen KI-Tools den größten Nutzen*

bringen können. Potenzielle Anwendungsbereiche sind zum Beispiel Kundenbetreuung, Personalwesen, Marketing oder Produktentwicklung.

4. *Investieren Sie in die richtige Infrastruktur: KI-Tools erfordern oft leistungsfähige Hardware und Software. Stellen Sie sicher, dass Sie über die notwendige Infrastruktur verfügen, um die gewählten KI-Lösungen effektiv einzusetzen.*

5. *Schaffen Sie eine datengetriebene Kultur: KI-Tools sind auf große Mengen qualitativ hochwertiger Daten angewiesen. Fördern Sie eine datengetriebene Unternehmenskultur, um die Effektivität von KI-Anwendungen zu maximieren.*

6. *Fördern Sie die Zusammenarbeit zwischen Fachabteilungen: Die erfolgreiche Implementierung von KI-Tools erfordert oft die Zusammenarbeit zwischen verschiedenen Fachabteilungen wie IT, Marketing, Vertrieb und Personalwesen. Stellen Sie sicher, dass ein offener Dialog und eine enge Zusammenarbeit zwischen den Teams gefördert werden.*

7. *Investieren Sie in Aus- und Weiterbildung: Um das Potenzial von KI-Tools voll auszuschöpfen, sollten Sie in die Aus- und Weiterbildung Ihrer Mitarbeiter investieren. Bieten Sie Schulungen und Workshops an, um das Verständnis und die Fähigkeiten im Umgang mit KI-Technologien zu verbessern.*

8. *Überprüfen Sie die Einhaltung gesetzlicher Vorschriften: Beim Einsatz von KI-Tools sollten Sie stets die Einhaltung gesetzlicher Vorschriften, insbesondere im Hinblick auf Datenschutz und Datensicherheit, gewährleisten.*

9. *Evaluieren Sie regelmäßig den Erfolg der Implementierung: Überwachen Sie kontinuierlich die Leistung Ihrer KI-Tools und passen Sie bei Bedarf die Strategie oder die eingesetzten Technologien an. Nutzen Sie Kennzahlen und Metriken, um den Erfolg der Implementierung zu messen.*

10. *Bleiben Sie auf dem Laufenden: Die KI-Technologie entwickelt sich ständig weiter. Bleiben Sie informiert über aktuelle Trends und Innovationen im Bereich der Künstlichen Intelligenz, um sicherzustellen, dass Sie immer die besten verfügbaren Tools und Technologien einsetzen.*

Ist dieser Text 1:1 übernehmbar? Nicht unbedingt, aber er hat mich noch einmal in einem wichtigen Punkt bestätigt – nämlich, dass es nicht nur Stand-alone-KI-Tools gibt, sondern dass solche Tools auch in integrierter Form genutzt werden können. 2023 investierte Microsoft in *OpenAI*. Das ist der Anbieter von *ChatGPT* und integriert die Technologie in seine gesamte Produktreihe. Darüber hinaus gibt es immer mehr KI-gestützte Systeme, die Sie in Ihre bestehende IT-Landschaft integrieren können.

Das Manko der fehlenden Aktualität in *ChatGPT* kann man übrigens mit smarten Browser-Add-ins beseitigen, die aktuelle Suchergebnisse mit einbeziehen.

 Hier finden Sie eine Liste mit smarten KI-Browser-Add-Ins.

Microsoft geht sogar noch einen Schritt weiter, indem sie *ChatGPT* in ihre Suchmaschine *Bing* integriert haben. Auch hinter der Google-Suche steckt bereits seit Jahren viel KI. Wichtig ist nur, die dahinterliegende KI und deren Möglichkeiten zu verstehen und auf dieser Basis die Endergebnisse bitte nicht 1:1 unreflektiert zu übernehmen, sondern mit gesundem Menschenverstand anzureichern.

Lösung für Problem 3: Führen Sie KI richtig im Unternehmen ein

Auf der Basis eines richtigen Verständnisses der Möglichkeiten und Begrenzungen von KI-Tools sollten Sie parallel zum normalen Geschäftsbetrieb mit KI experimentieren und die Lösungen in Ihren Geschäftsbetrieb übernehmen, die am besten funktionieren.

Damit Sie und Ihre Mitarbeitenden die KI nicht mit „Garbage" füttern, ist es wichtig, dass Sie die Lösungen für die Probleme 1 und 2 beherzigen und sicherstellen, dass Sie die KI nutzen, wie es Ihnen und Ihrem Unternehmen am dienlichsten ist.

Gehen Sie dazu in den folgenden Schritten vor:

1. Informieren Sie sich:
Beschäftigen Sie sich mit den Grundlagen der Künstlichen Intelligenz, um ein grundlegendes Verständnis der Technologie und ihrer Anwendungsmöglichkeiten zu erlangen. Lesen Sie Fachartikel, besuchen Sie Konferenzen oder nehmen Sie an Online-Kursen teil.

2. Identifizieren Sie Anwendungsfälle:
Analysieren Sie Ihre Geschäftsprozesse und identifizieren Sie Bereiche, in denen KI-Technologie zur Verbesserung der Effizienz, Genauigkeit oder Automatisierung beitragen kann.

3. Wählen Sie ein passendes KI-Tool oder eine Plattform:

Basierend auf Ihren Anforderungen und Zielen wählen Sie ein KI-Tool oder eine Plattform, die am besten zu Ihrem Anwendungsfall passt. Achten Sie dabei auf Faktoren wie Funktionalität, Benutzerfreundlichkeit, Kosten und Integration in Ihre bestehende Infrastruktur.

4. Starten Sie ein Pilotprojekt:

Beginnen Sie mit einem kleinen, überschaubaren Projekt, um die KI-Technologie in Ihrem Unternehmen zu testen. Dies ermöglicht es Ihnen, Erfahrungen zu sammeln, potenzielle Probleme frühzeitig zu identifizieren und Anpassungen vorzunehmen, bevor Sie KI in größerem Umfang einführen.

5. Sammeln und bereiten Sie Daten vor:

Stellen Sie sicher, dass Sie über ausreichend qualitativ hochwertige Daten für das Training und die Validierung der KI-Modelle verfügen. Eine sorgfältige Datenaufbereitung ist entscheidend für den Erfolg der KI-Anwendung.

6. Trainieren und testen Sie das KI-Modell:

Verwenden Sie die bereitgestellten Daten, um das KI-Modell zu trainieren und seine Leistung zu testen. Optimieren Sie das Modell, bis es die gewünschten Ergebnisse liefert.

7. Implementieren Sie das KI-Tool:

Integrieren Sie das KI-Tool in Ihre Geschäftsprozesse und stellen Sie sicher, dass es reibungslos mit Ihren bestehenden Systemen und Arbeitsabläufen funktioniert.

8. Überwachen Sie die Leistung:

Kontrollieren Sie regelmäßig die Leistung des KI-Tools, um sicherzustellen, dass es die erwarteten Ergebnisse liefert, und um mögliche Probleme frühzeitig zu erkennen.

9. Sammeln Sie Feedback und passen Sie das System an:

Kommunizieren Sie mit den Benutzern des KI-Tools und sammeln Sie Feedback, um Verbesserungen vorzunehmen und die Benutzerfreundlichkeit zu erhöhen.

10. Skalieren Sie die KI-Anwendung:

Nachdem Sie Erfolg und Nutzen des KI-Tools in Ihrem Pilotprojekt nachgewiesen haben, können Sie die Anwendung auf weitere Bereiche Ihres Unternehmens ausweiten und die Vorteile der KI-Technologie voll ausschöpfen.

Tipps und Tools rund um KI

Sie sehen, wie wichtig mein Grundsatz „Erst Hirn einschalten, dann Technik" gerade beim Thema KI ist. Wenn Sie Mitarbeitende schlecht briefen, erhalten Sie schlechte Ergebnisse. Wenn Sie eine KI schlecht briefen, erhalten Sie noch schlechtere Ergebnisse.

Digitale Tools sind wie Werkzeuge eines Handwerkers. In den richtigen Händen richtig eingesetzt entstehen daraus Kunstwerke. In den falschen Händen machen sie mehr kaputt, als sie helfen.

Aus meiner Praxis finden Sie wie immer an dieser Stelle einige erprobte Tipps und Tools zum Ausprobieren.

Meine Lieblings-IT-Tools

Neben der strategischen Einführung von KI in Ihrem Unternehmen gibt es auch viele praktische IT-Tools, die Ihnen das Leben leichter machen. Hier einmal mein persönlicher IT-Werkzeugkasten:

Mit *Raindrop.io* verwalte ich systemübergreifend meine **Browser-Lesezeichen**. Das ist besonders praktisch, wenn Sie auf dem iPad mit Safari und auf dem Rechner mit einem anderen Browser arbeiten.

Wenn Sie **Videos** schneiden wollen, kann ich Ihnen die Software *Camtasia* empfehlen. Die Software wurde ursprünglich für das Aufzeichnen von Bildschirmvideos für Schulungszwecke entwickelt. Mittlerweile können Sie damit auch Videos schneiden, und sie ist zum Glück deutlich einfacher zu bedienen als die gängigen Videoschnittprogramme. Wenn es professionelle Videos werden, source ich den Schnitt an einen professionellen Cutter aus.

Zur grafischen Aufwertung meiner Videos oder zur Erstellung von **Handouts**, **Namensschildern** und Episodenbildern für Podcasts und Blogposts nutze ich *Canva*. Hier haben Sie eine riesige Auswahl an professionell erstellten Vorlagen, auf deren Basis Sie professionell aussehende Dokumente erstellen können.

Meine **Podcast**-Episoden nehme ich übrigens mit der App *Ferrite* auf meinem iPad auf. Am iPad habe ich ein professionelle Videokamera per USB angeschlossen. Mehr braucht es aber nicht.

Zur Optimierung der Sprachqualität meiner Ton- und Videoaufnahmen nutze ich *Auphonic*. Bei diesem Dienst laden Sie Audio- oder Video-Dateien hoch und laden nach kurzer Zeit eine tonoptimierte Version herunter. Vor allem bei Hintergrundgeräuschen und unterschiedlichen Lautstärken von Interviewgästen ist das Tool Gold wert.

Bei Videos sind heute **Untertitel** immer wichtiger. Für die Untertitelung von Handyvideos nutze ich die App *Captions* oder den Internetdienst *Happy Scribe*. Bei *Happy Scribe* können Sie die Untertitel sogar noch von Menschen überarbeiten lassen. Darüber hinaus bietet *Happy Scribe* auch die Möglichkeit der automatischen Übersetzung von Untertiteln und des Herunterladens von Transkripten. Damit erstellt mein Assistent beispielsweise aus meinen gesprochenen Podcast-Episoden Blogbeiträge.

Auf meiner Webseite mit den Blogbeiträgen können meine Leser*innen auch jederzeit einen **Termin bei mir buchen.** Sie können sich dabei nicht nur den Tag und die Uhrzeit, sondern auch die gewünschte Art des Termins heraussuchen. Das System generiert dann auch automatisiert Einladungen und Links für die gängigen Videokonferenzsysteme. Ich nutze hierfür das Tool *Acuity Scheduling,* aber wenn Sie Microsoft 365 einsetzen, haben Sie mit *Bookings* bereits ein ähnliches System in Ihrem Hause zur Verfügung. Welches System Sie zur automatisierten Terminbuchung einsetzen, ist fast egal, aber Sie sollten eines haben. Das reduziert den lästigen Terminabstimmungsaufwand erheblich.

Viele der Tools aus diesem Werkzeugkasten nutzen unter der Haube bereits KI-Technologien, und die Grenze zwischen den „normalen" und den KI-Tools verwischt immer mehr. Von daher sollten Sie immer einen Blick auf neue und verbesserte bestehende Tools haben, mit denen Sie noch produktiver werden können.

  Hier finden Sie die Liste meiner Lieblings-IT-Tools.

Meine Lieblings-KI-Tools

Hier die aus meiner Sicht zurzeit smartesten KI-Lösungen, die Sie bereits in der Praxis nutzen können.

SETZEN SIE KI STRATEGISCH EIN

Mit *ChatGPT* können Sie Texte verfassen und zusammenfassen lassen. Darüber hinaus gibt es aber noch viel mehr Möglichkeiten, und es werden immer mehr. *ChatGPT* kann mittlerweile sogar programmieren und Eingabe-Prompts für andere KI-Systeme generieren. Das geniale an *ChatGPT* ist, dass es aus der Konversation mit Ihnen lernt. Von daher der wichtigste Tipp: Organisieren Sie Ihre Chats in Konversationen und führen Sie diese fort.

Mit *Jasper.ai* greifen Sie auf das gleiche KI-Modell von *Open AI* zurück, aber die Oberfläche ist etwas besser gegliedert. Hier haben Sie Widgets für Spezialaufgaben, und mit Rezepten können Sie wiederkehrende Aufgaben so einrichten, dass Sie die Prompts nicht immer wieder neu bauen müssen und die Ergebnisse konsistent bleiben.

Perplexity.ai hat einen etwas anderen Ansatz. Es ist eher ein Ersatz für Google, denn es gibt Fragen auf Antworten aus. Das Besondere dabei ist, dass Quellen sauber angegeben werden und dass man die Antworten immer weiter herunterbrechen kann.

Für die Vorbereitung von Schulungsinhalten gibt es auch Spezialdienste, wie *Education Copilot* oder *Curipod*. Diese Dienste helfen bei der Planung und Generierung von Schulungsinhalten.

Bei der Erstellung von Charts können Sie sich von Diensten wie *SlidesAI* und *Tome Charts* unterstützen lassen, wobei auch Microsofts *PowerPoint* hier immer smarter wird.

Mit *YouTube-Summary* können Sie den Inhalt von *YouTube*-Videos zusammenfassen lassen und die Ergebnisse werden immer besser.

Mit dem Dienst *Fathom* können Sie auch Ihre Videokonferenzen automatisiert zusammenfassen lassen, falls Sie noch nicht die KI-Funktionalitäten von *MS Teams* nutzen. Das Tool funktioniert auch mit *Zoom* und anderen Diensten.

Mit den Diensten *Midjourney* und *DALL-E* erstellen Sie sehr gute Bilder. Bei dem Prompts lassen Sie sich am besten von *ChatGPT* helfen.

Hier finden Sie eine Liste mit meinen Lieblings-KI-Tools.

Die Liste wird fast täglich länger und welche Dienste für Sie am besten geeignet sind, probieren Sie am besten regelmäßig aus.

Wie behalten Sie am besten den Überblick über smarte KI-Tools? Hier einmal drei Quellen, die ich regelmäßig nutze:

▷ den Newsletter der AI-Nauten
▷ den KI-Tool-Newsletter von Jens Polomski, der auch tolle Nicht-KI-Tool-Tipps enthält
▷ die KI-Tool-Datenbank von advanced-innovation.io

Eine gute Quelle für neue KI- und sonstige IT-Tools und Services ist auch *AppSumo*. Auf dieser Plattform erhalten Sie regelmäßig sehr gute Lifetime-Deals. Idealerweise abonnieren Sie den Newsletter von *AppSumo*, damit Sie keine Deals verpassen. Hier können Sie regelmäßig laufende Fixkosten reduzieren.

  Hier finden Sie eine Linkliste zu Seiten mit KI-Infos.

Meine Tipps für optimale KI-Ergebnisse

Computer sind doof, und KI ist vom Grundsatz nicht besser. Je smarter Ihre Fragen an die KI sind, desto smartere Antworten erhalten Sie.

Am einfachsten fragen Sie erst einmal die jeweiligen Tools selbst nach den besten Tipps. Hier einmal die Antwort von *ChatGPT* auf den Prompt: „Was sind die besten Tipps für Prompts für ChatGPT?"

[ChatGPT]

1. *Seien Sie klar und präzise: Stellen Sie sicher, dass Ihre Prompts klar und eindeutig formuliert sind, um Missverständnisse zu vermeiden.*
2. *Geben Sie Kontext an: Geben Sie ausreichend Hintergrundinformationen, damit das KI-Modell besser auf Ihre Anfrage eingehen kann.*

3. *Verwenden Sie vollständige Sätze: Vermeiden Sie unvollständige Sätze oder einzelne Wörter, da sie zu ungenauen oder unverständlichen Antworten führen können.*
4. *Vermeiden Sie mehrdeutige Fragen: Formulieren Sie Ihre Prompts so, dass sie auf eine einzige Bedeutung hinweisen, um unerwünschte Interpretationen zu vermeiden.*
5. *Testen und optimieren Sie Ihre Prompts: Experimentieren Sie mit verschiedenen Formulierungen und Anpassungen, um die bestmöglichen Antworten von ChatGPT zu erhalten.*

Gern aber auch hier noch einige Ergänzungen aus meiner Erfahrung im Umgang mit KI-Tools:

▷ Briefen Sie das Tool, als würden Sie jemanden aus Ihrem Team briefen. Auch bei einem solchen Briefing würden Sie mehr Infos geben als einfach nur „Schreiben Sie einen Artikel über …"

▷ Überlegen Sie sich, welche Rückfragen ein Mensch bei Ihrer Aufgabe haben könnte, und geben Sie die Antworten gleich beim Prompt mit ein.

▷ Geben Sie vor, für welchen Zweck und welche Zielgruppe der Text geschrieben werden soll.

▷ Definieren Sie immer die Rolle, aus der heraus die KI antworten soll, so wie Sie auch die passendste Mitarbeiterin und den passendsten Mitarbeiter ansprechen würden.

▷ Geben Sie an, in welcher Form der Input sein soll, d.h. in Spiegelstrichen, ausformuliert, in 10 Kapiteln etc.

▷ Sagen Sie der KI, ob der Text eher formell oder informell geschrieben sein soll.

▷ Geben Sie die Länge des Textes vor.

▷ Arbeiten Sie immer top-down, d.h. starten Sie mit dem Titel, gehen Sie dann über zur Gliederung und lassen Sie das (bei Bedarf) die KI ausformulieren. Den letzten Schritt übernehme ich heute noch meistens selbst.

Noch sind die Ergebnisse im Englischen besser als im Deutschen, aber dank der Integration von *DeepL* in viele der Tools klappt die Eingabe in Deutsch auch sehr gut. Bei den meisten KI-Tools erhalten Sie die Antwort in der Sprache, in der Sie Ihre Frage eingegeben haben. Sie können aber auch eingeben, dass Sie die Antwort in einer anderen Sprache haben wollen.

 Hier finden Sie noch einige Tipps für das Formulieren von Prompts für *ChatGPT*.

Die Top-10-Tipps aus Kapitel 10

▷ Beschäftigen Sie sich mit dem Konzept der KI, um zu verstehen was die KI (noch) (nicht) kann.
▷ Erliegen Sie nicht dem Neuigkeits-Hype, denn danach kommt die Ernüchterung.
▷ Halten Sie nach der Ernüchterung durch. Die Systeme können mehr, als Sie denken.
▷ Auch IT-Tools ohne KI sind sehr nützlich.
▷ Mit *Auphonic* bekommen Sie großartigen Ton.
▷ Mit *Happy Scribe* erstellen und übersetzen Sie Untertitel.
▷ Mit Kalenderbuchungstools vereinfachen Sie die Terminfindung.
▷ Mit *Raindrop.io* haben Sie Ihre Browserlesezeichen immer synchron.
▷ Beschäftigen Sie sich mit den Eingabeprompts der KI-Systeme. Sie werden mit besseren Ergebnissen belohnt.
▷ Nutzen Sie *ChatGPT* auch, um Prompts für andere KI-Systeme, z. B. *Midjourney*, zu generieren.

Quellen und Literaturempfehlungen

Quellen/Endnoten

1   https://www.zeit.de/zeit-magazin/2017/44/entscheidungen-treffen-konsequenzen-angst-intuition

2   https://www.computerwoche.de/g/die-besten-it-sprueche-2015,106507,3

3   Auf www.statista.de finden Sie immer die aktuellsten Zahlen.

Weitere Bücher von Thorsten Jekel

- Jekel, Thorsten und Skipwith, Thomas: *Online-Meetings*. GABAL, Offenbach 2020.
- Eschle, Melanie; Jekel, Thorsten; Schmitt- Ralf: *Digitale Events*. GABAL, Offenbach 2020.
- Jekel, Thorsten und Kuhnt, Hubertus: *Mach dir Umsatz auf! Digitalisierung, Führung, Umsetzung im Vertrieb. Wie Coca-Cola in Deutschland aus den Erfolgen von gestern die Erfolge von morgen geschaffen hat*. GABAL, Offenbach 2020.
- Jekel, Thorsten: *Digital Working für Manager. Mit neuen Technologien effizient arbeiten*. GABAL, Offenbach 2013.
- Jekel, Thorsten: *Effizientes Informationsmanagement mit dem iPad*. In: Jekel, Nicole: *Speed Reading für Controller und Manager*. Wiley-VCH, Weinheim 2013, S. 274–283.
- Jekel, Thorsten und Jekel, Nicole: *Technik, nein danke! Mehr VerkaufsAppSchlüsse mit dem iPad*. In: Köhler, Hans-Uwe L. (Hrsg.): *Die besten Ideen für erfolgreiches Verkaufen. Erfolgreiche Speaker verraten ihre besten Konzepte und geben Impulse für die Praxis*. GABAL, Offenbach 2012, S. 148–159.
- Seiwert, Lothar J.; Jekel, Thorsten; Dirkes, Christoph: *Zeitmanagement mit dem iPad. Die besten Wege, um wirklich Zeit zu sparen*. Südwest, 2. Auflage, München 2011.

Über den Autor

Thorsten Jekel ist als langjähriger Geschäftsführer, Berater und Buchautor *der* deutschsprachige Experte für Unternehmenserfolg mit neuen Technologien. Als Vortragsredner begeistert er seine Zuhörer mit den Grundprinzipien der sinnvollen Digitalisierung und gibt konkret umsetzbare Tipps, um Technik einfach zu nutzen.

Der Betriebswirt und MBA begann seine Laufbahn 1988 beim Computer-Pionier Nixdorf. Seitdem ist er dem Thema intelligente Nutzung neuer Technologien stets treu geblieben. Thorsten Jekel besitzt die nötige Management-Erfahrung, um betriebswirtschaftliche und technische Fragen ganzheitlich zu verknüpfen und Problemlösungen zielgruppengerecht zu vermitteln.

Seit dem Marktstart des iPads begleitet er große Vertriebsorganisationen, wie Coca-Cola Deutschland, bei der Einführung von iPads und Microsoft 365 im Außendienst.

Darüber hinaus ist er auch ein wertvoller Sparringspartner für Geschäftsführer, Vorstände und Aufsichtsräte. Er unterstützt Unternehmen auch gern als Beirat oder Aufsichtsrat, um seine strategische und operative IT-Kompetenz aktiv mit einzubringen.

Website: https://digital4productivity.de/
E-Mail: info@jekelteam.de
Tel: +49 (0)30 / 44 0172 99

Jetzt anmelden zur monatlichen Live-Q&A mit Thorsten Jekel

https://foxly.sbs/frag-tj

FRAG TJ

IT–FITNESS FÜR
FÜHRUNGSKRÄFTE